全国普通高等学校机械类"十二五"规划系列教材

现代制造系统

主　编　李文斌　王宗彦　闫献国
副主编　董长双　白艳艳

华中科技大学出版社
中国·武汉

内容简介

本书的编写基于作者的教学改革经验,章节安排合理,内容全面、系统和新颖,反映了当前国内外现代制造系统的最新成果和发展,力求满足学科专业、教学过程和社会服务等方面的需求。全书共分为8章,主要内容包括绪论、FMS 的加工系统、FMS 的物流系统、FMS 的信息流系统、FMS 的质量控制系统、FMS 应用实例、计算机集成制造系统和智能制造系统简介等。

本书可作为机械设计制造及其自动化、机械电子工程等专业的本科生教材或研究生的教学参考书,亦可作为从事机械制造及其自动化专业人员的自学参考书。

图书在版编目(CIP)数据

现代制造系统/李文斌,王宗彦,闫献国主编. —武汉:华中科技大学出版社,2016.9(2021.1重印)
全国普通高等学校机械类"十二五"规划系列教材
ISBN 978-7-5680-1961-3

Ⅰ.①现…　Ⅱ.①李…　②王…　③闫…　Ⅲ.①机械制造工艺-高等学校-教材　Ⅳ.①TH16

中国版本图书馆 CIP 数据核字(2016)第 138370 号

现代制造系统　　　　　　　　　　　　　　　　　　　李文斌　王宗彦　闫献国　主编
Xiandai Zhizao Xitong

策划编辑:	俞道凯
责任编辑:	刘　飞
封面设计:	原色设计
责任校对:	李　琴
责任监印:	周治超
出版发行:	华中科技大学出版社(中国·武汉)　　电话:(027)81321913
	武汉市东湖新技术开发区华工科技园　　邮编:430223
录　　排:	武汉市洪山区佳年华文印部
印　　刷:	武汉邮科印务有限公司
开　　本:	787mm×1092mm　1/16
印　　张:	10.25
字　　数:	264千字
版　　次:	2021年1月第1版第2次印刷
定　　价:	25.00元

本书若有印装质量问题,请向出版社营销中心调换
全国免费服务热线:400-6679-118　竭诚为您服务
版权所有　侵权必究

前　言

随着时代的前进和科技的进步,制造系统始终处在不断发展变化之中。现代制造系统是为了达到预定的制造目的而构成的物理或组织系统,是将制造过程及其所涉及的硬件、软件和人员组成一个具有特定功能的有机整体。现代制造系统代表了先进制造技术(advanced manufacturing technology,AMT)的发展方向之一,并向着柔性化、可重构化、集成化、智能化和网络化方向持续推进,其目的在于快速响应产品的变换和混流生产,降低投资损耗和制造成本,缩短生产周期,保证交货时间,提高制造生产效率和效益,保证产品质量与服务效果,消除或尽量降低对环境的污染,以提高企业竞争力,增强综合国力。目前,科技发展日新月异,人们把追求和谐设计制造及装备安全绿色运行作为时代发展的重要特征,也对制造系统技术提出更高要求。这就需要我们在人才培养、教材建设和工程实践方面不断汲取、消化国内外先进的制造技术,深入研究、探索新的制造系统。

本书在编写过程中按照机电类人才培养的需要和教学改革经验,注重理论联系实际、工程应用背景等,结合了编者多年的现代制造系统教学经验和科研实践,经过确定编写大纲、讨论编写内容、分析授课对象等过程,并合理安排各章节内容而进行编写。全书共分 8 章,主要内容包括:现代制造系统概述、FMS 产生的历史背景,以及 FMS 的组成、工作原理和发展趋势;FMS 对加工设备的配置要求、加工(或车削)中心及其构成 FMS 的机床选择原则;FMS 物流系统的功能和组成、工件流支持系统、刀具流支持系统、物料运储设备;FMS 的信息流模型及特征、FMS 的信息流网络通信、FMS 实时调度与控制决策、FMS 的自动控制技术、FMS 的计算机仿真;集成质量控制系统的概念、FMS 的质量检测、工件清洗与去毛刺设备、切屑处理及冷却液处理系统;FMS 应用实例;CIMS 的基本概念及其发展概况、CIMS 的基本组成、体系结构及其关键技术,CIMS 工程的设计与实施及 CIMS 应用实例;智能制造的提出、智能加工与智能加工设备、智能制造系统的构成、智能制造系统的主要支撑技术等。本书通过介绍 FMS、CIMS 应用实例,进一步分析了现代制造系统实际的应用情况。

本书由太原理工大学李文斌、中北大学王宗彦、太原科技大学闫献国担任主编,太原理工大学董长双、白艳艳担任副主编。全书共分为 8 章,其中,第 1、7 章由李文斌编写,第 2、8 章由董长双编写,第 3 章由王宗彦编写,第 4 章由李文斌、王宗彦编写,第 5 章由闫献国编写,第 6 章由白艳艳编写。全书由李文斌统稿。本书编写过程中参考了诸多同仁的著作和论文,在此深表谢意。

由于编者的水平和经验所限,书中难免有欠妥和不足之处,敬请读者提出宝贵意见,不吝指正。

编　者
2016 年 5 月

目　　录

第1章　绪论 (1)
　1.1　现代制造系统概述 (1)
　1.2　FMS产生的历史背景 (4)
　1.3　FMS的组成及工作原理 (6)
　1.4　柔性制造技术的发展趋势 (14)
　思考题与习题 (16)

第2章　FMS的加工系统 (17)
　2.1　FMS对加工设备的要求及其配置 (17)
　2.2　FMS的自动化加工设备 (19)
　2.3　构成FMS的机床选择原则 (24)
　思考题与习题 (27)

第3章　FMS的物流系统 (28)
　3.1　物流系统的功能和组成 (28)
　3.2　工件流支持系统 (29)
　3.3　刀具流支持系统 (36)
　3.4　物料运储设备 (45)
　思考题与习题 (51)

第4章　FMS的信息流系统 (53)
　4.1　FMS的信息流模型及特征 (53)
　4.2　FMS中的信息流网络通信 (60)
　4.3　FMS实时调度与控制决策 (62)
　4.4　FMS中的自动控制技术 (74)
　4.5　FMS的计算机仿真 (81)
　思考题与习题 (89)

第5章　FMS的质量控制系统 (90)
　5.1　集成质量控制系统的概念 (90)
　5.2　FMS中的质量检测 (94)
　5.3　工件清洗与去毛刺设备 (99)
　5.4　切屑处理及冷却液处理系统 (101)
　思考题与习题 (104)

第6章　FMS应用实例 (105)
　6.1　DENFORD FMS系统概述 (105)
　6.2　DENFORD FMS的数控车床 (109)

6.3　DENFORD FMS 的数控铣床 …………………………………………………… (118)
　6.4　DENFORD FMS 编程与实现 …………………………………………………… (121)
　思考题与习题 …………………………………………………………………………… (125)
第 7 章　计算机集成制造系统 ………………………………………………………… (127)
　7.1　CIMS 的基本概念及其发展概况 ……………………………………………… (127)
　7.2　CIMS 的基本组成、体系结构及其关键技术 ………………………………… (130)
　7.3　CIMS 工程的设计与实施 ……………………………………………………… (139)
　7.4　CIMS 应用实例 ………………………………………………………………… (142)
　思考题与习题 …………………………………………………………………………… (147)
第 8 章　智能制造系统简介 …………………………………………………………… (148)
　8.1　智能制造的提出 ………………………………………………………………… (148)
　8.2　智能加工与智能加工设备 ……………………………………………………… (150)
　8.3　智能制造系统的构成 …………………………………………………………… (152)
　8.4　智能制造系统的主要支撑技术 ………………………………………………… (153)
　思考题与习题 …………………………………………………………………………… (153)
参考文献 ………………………………………………………………………………… (155)

第1章 绪 论

1.1 现代制造系统概述

制造是人类所有经济活动的基石,是人类历史发展和文明进步的动力,没有制造,就没有一切。"制造"的英文是 manufacturing 或 manufacture,它源于拉丁语,原意为"用手工制作"或"手工业",是指把原材料制成人们需要的货物或产品。传统的制造是指制作可触摸的货物或产品。从20世纪80年代初到现在,人们进一步扩展了"制造"的内涵,使之成为一个泛指的广义概念。

1983年,国际生产工程学会(CIRP)把制造定义为:"包括制造企业的产品设计、材料选择、规划、制造的生产、质量保证、管理和营销的一系列有内在联系的活动和运作/作业。"这一定义突破了传统的狭义观念。1988年,美国国家研究委员会(NRC)把制造定义为:"创造、开发、支持和提供产品及服务所要求的过程与组织实体。"1999年,美国麻省理工学院(MIT)定义的现代制造包括:产品设计与开发、产品规划、销售和服务,以及实现这些功能所应用的技术、流程/过程和人与技术结合的途径等。2002年,美国生产与库存控制学会(APICS)把制造定义为:包括设计、物料选择、规划、生产、质量保证、管理和对离散顾客与耐用货物营销的一系列相互关联的活动和运作/作业。

按照上述定义与内涵,现代制造业不仅包含传统、已为公众广泛认知的制造行业,而且还包括以计算机技术、通信和基于微电子学的检测与传感技术为主的信息技术,生物工程技术与制造用生物技术,以及某些农业机械装备,从而构成了包容面更大、技术创新更强的现代制造领域和范畴。因此,现代制造的概念突破了可触摸的产品货物生产的范围,并同不可触摸的软件、服务和利用高新知识与技术产生附加价值的活动与过程/流程等融合在一起。

由以上分析不难得出制造的一般概念,这就是:人类按照市场需求,运用主观掌握的知识和技能,借助于手工或可以利用的客观物质工具,采用有效的工艺方法和必要的能源,将原材料转化为最终物质产品并投放市场的全过程。制造的概念有广义和狭义之分:狭义的制造是指生产车间内与物流有关的加工和装配过程;而广义的制造则包含市场分析、产品设计、工艺设计、生产准备、加工装配、质量保证、生产过程管理、市场营销、售前售后服务,以及报废后的回收处理等整个产品生命周期内一系列相互联系的生产活动。

制造系统是在制造技术的基础上产生的,即为了达到预定的制造目的而构成的一种物理或组织系统,是指由制造过程及其所涉及的硬件、软件和人员组成的一个具有特定功能的有机整体。这里所指的制造过程,即产品的经营规划、开发研制、加工制造和控制管理的过程;所谓的硬件包括生产设备、工具和材料、能源以及各种辅助装置;而软件则包括制造理论、制造工艺和方法及各种制造信息等。可以看出,上述所定义的制造系统实际上就是一个工厂企业所包含的生产资源和组织机构。而通常意义所指的制造系统仅是一种加工系统,仅是上述定义系统的一个组成部分,例如:柔性制造系统只应称为柔性加工系统。

1.1.1 现代制造系统的组成及功能

制造系统是一个由输入制造资源开始,包括原材料、能源和信息等,通过制造过程而输出产品(包括半成品)的输入/输出系统,它同时产生废弃物,并可能造成环境污染。制造系统的整体性能与系统的各个组成部分之间是紧密相关的。概括起来说,现代制造系统是由下列具有相对独立功能的各子系统构成。

(1) 经营管理子系统,它是确定企业的经营方针和发展方向,进行战略规划和决策的系统。

(2) 市场与销售子系统,它是进行市场调研预测,制定销售计划,开展销售与售后服务的系统。

(3) 采购供应管理子系统,它是进行原材料及外购件的采购、验收、存储和供应的系统。

(4) 财务管理子系统,它是制定财务计划,进行企业预算和成本核算,发展财务会计工作的系统。

(5) 人事管理子系统,它是人力资源管理、人事安排、招工与裁员的系统。

(6) 研究与开发子系统,它是制定开发计划、应用研究与产品开发的系统。

(7) 工程设计子系统,它是进行产品设计、工艺设计、工程分析、样机试制、试验和评价。

(8) 生产管理子系统,它是制定生产计划、作用计划,进行库存管理、成本管理、资源管理和生产过程管理的系统。

(9) 车间制造子系统,它是零件加工、部件及产品装配、检验、物料存储与输送、废料存放与处理的系统。

(10) 质量控制子系统,它完成收集用户的需求与反馈信息,进行质量监控和统计过程控制系统。

上述各个子系统既相互联系又相互制约,相辅相成,形成一个有机的整体,从而实现从用户订货到产品发送的生产全过程。

1.1.2 现代制造系统的特性

1. 结构特性

由上所述可知,现代制造系统的硬件是包括生产设备、工具、运输装置、厂房、劳动力等在内的集合体,体现了制造系统的结构特性,为使其充分发挥效能,必须有相应的软件支持。例如,制造科学、生产信息、制造技术等。

2. 转化特性

现代制造系统是一个将生产要素转化成产品的输入/输出系统,其主要功能便是转化功能。它体现在:科学、合理、充分、有效地开发利用各种资源,按照优质、高效、低耗、清洁、灵活的生产原则进行资源转化,也就是生产制造,提供用户需要的产品、服务和相关的社会责任。从技术的角度出发,制造是通过加工和装配将原材料转化为产品的过程,该过程总是伴随着机器、工具、能源、劳动力和信息的作用。这种转化同时包括物料流、信息流和能量流的转化。从经济的观点考虑,制造过程可以理解为通过改变物料形态或性质而使其不断增值的过程。因此,研究现代制造系统的转化特性,主要是从技术和经济方面进行,比如,研究如何使转化过程更加有效。

3. 过程特性

现代制造系统的资源转化本质上是一个过程,是一个面向客户需求、不断适应市场环境变化、不断改进的动态过程。在这个过程中,它又包含了若干个子过程或子子过程,如经营决策子过程、研究开发子过程、生产制造子过程等。所以,制造系统的过程特性包含在各个制造子系统中。

1.1.3 现代制造系统的分类

随着时代的前进和科技的进步,制造系统始终处在不断的发展变化之中。我们可以从人在系统中的作用、加工对象的品种和批量的变化、零件及其工艺类型、系统的柔性、系统的自动化程度和系统的智能程度等方面对制造系统分类,如表1-1所示。而各种类型制造系统的不同组合,又可以得到不同类型的制造系统。例如,"刚性自动化离散制造系统"就是按工艺类型、系统柔性和自动化程度三种分类方式的组合。它适合于离散型制造企业的大批量自动化制造。

表 1-1 现代制造系统的分类

分类方式	制造系统类型	主要特点
按人在系统中的作用	人机一体化的制造系统	人机结合,充分发挥人的主导作用,系统容易实现,但要受人的情绪等影响
	无人化制造系统	追求无人化生产,系统结构复杂,技术水平高,可靠性差,难以实现
按品种和批量	多品种、小批量制造系统	适合制造技术形势发展需要,但要求系统的柔性很大
	少品种、大批量制造系统	曾经对提高生产率、降低成本、提高质量发挥过重要作用,正在被多品种、小批量制造系统所取代
	大规模定制制造系统	产品设计模块化、产品制造专业化、生产组织和管理网络化、企业间的合作关系伙伴化
按工艺类型	连续型制造系统	制造对象呈"连续不断"状态
	离散型制造系统	制造对象相互分离,制造过程按单个对象进行
按系统柔性	刚性制造系统	难以适应制造对象的经常改变,适合少品种、大批量制造
	柔性制造系统	具有较宽的制造对象变化范围,适合多品种、小批量制造
	可重构制造系统	系统的结构可随产品对象的不同而改变,加工范围很宽,适合多品种、小批量制造
按自动化程度	手动制造系统	以普通机床装备为主,设计和制造过程主要依靠手工进行,而自动化设备极少
	半自动制造系统	部分工作由人完成,部分工作由机器完成,但在系统的设计和运行方式上与以人为中心的制造系统有着本质区别
	自动制造系统	可以是刚性自动化,也可以是人机一体化,还可以是无人化制造系统
按智能程度	常规制造系统	与智能制造系统相比较,常需要人工的大量干预
	智能制造系统	将人工智能与自动化集成制造相结合的人机一体化系统

由于篇幅所限，本书主要介绍人机一体化，面向机械制造业的多品种、中小批量现代制造系统——柔性制造系统(flexible manufacturing system, FMS)的构成原理及应用，兼述计算机集成制造系统(computer integrated manufacturing system, CIMS)和智能制造系统(intelligent manufacturing, IMS)，这些类型的现代制造系统是制造自动化技术的主要发展方向。

1.2 FMS 产生的历史背景

制造技术的发展与人类文明的进步密切相关，并互相促进。在石器时代，人类利用天然石料制作劳动工具，采集自然资源为主要生活手段。到青铜器、铁器时代，人们开始采矿、冶炼、铸锻、织布及制造工具，满足以农业为主的自然经济的需要，生产方式是作坊式手工业。1765年，瓦特发明了蒸汽机，纺织业和机器制造业发生了革命性的变化，引发了第一次工业革命，开始出现近代工业化大生产。1820 年，奥斯特发现了电流的电磁效应，接着安培提出电流相互作用定律。1831 年法拉第提出电磁感应定律，1864 年麦克斯韦电磁场理论的建立，为发电机、电动机的发明奠定了基础，从而迎来电器化时代。以电作为动力源，改变了机器的结构，开拓了机电制造的新局面。电机的产生、电力的应用具有划时代的意义，是以电力应用为特征的第二次技术革命。

19 世纪末 20 世纪初，内燃机的发明，使汽车进入欧美家庭，引发了制造业的又一次革命。流水线及泰勒管理方法应运而生，进入大批大量生产时代，尤其是汽车工业和兵器工业，并为第二次世界大战的大规模军工生产准备了物质基础、技术基础和管理经验。第二次世界大战后，市场需求多样化、个性化、高品质趋势推动了微电子技术、计算机技术、自动化技术的飞速发展，导致了制造技术向程序控制的方向发展，数字控制技术、柔性制造单元、柔性生产线、计算机集成制造及精益生产等相继问世，制造技术由此进入了面向市场多样需求的柔性生产的新阶段，引发了生产模式和管理技术的革命。

20 世纪 50 年代以来，一些工业发达国家和地区，在达到了高度工业化的水平以后，就开始了从工业社会向信息社会转化的过程，形成了一个从工业社会向信息社会过渡的时期。这个时期的主要特征是电子计算机、遗传工程、光导纤维、激光、海洋开发等技术的日益广泛而深入的应用。

对机械制造业来说，对它的发展影响最大的是电子计算机的应用，出现了机电一体化的新概念，如机床数字控制(numerical control, NC)、计算机数字控制(computer numerical control, CNC)、计算机直接控制(又称群控群管理, direct numerical control, DNC)、计算机辅助制造(computer aided manufacturing, CAM)、计算机辅助设计(computer aided design, CAD)、成组技术(group technology, GT)、计算机辅助工艺规程设计(computer aided process planning, CAPP)、计算机辅助几何图形设计(computer aided graphic design, CAGD)、工业机器人(robot)等新技术。这些新技术的产生有多种内在的和外在的因素。但最根本的有两个：一是市场发展的需要；二是科学发展到一个新阶段，为新技术的出现提供了一种可能。

1.2.1 市场需求的驱动

20 世纪初，工业化形成的初期，市场对产品有充分的需要。这一时期市场的特点是，产品品种单一，生命周期长，产品数量迅速增加，各类产品的开发、生产、销售主要由少数企业控制着。促使制造企业通过采用自动化或自动生产线提高生产率来满足市场的需求。

20世纪60年代以后,世界市场发生了很大的变化,对许多产品的需求呈现饱和趋势。在这种饱和的市场中,制造企业面临着激烈的竞争,企业为了赢得竞争就必须按照用户的不同要求开发新产品。这个时期市场的变化,归纳起来有以下一些特征。

(1) 产品品种日益增多。为了竞争的需要,生产企业必须根据用户的不同要求开发新产品。为适应这种产品的多变,企业必须改变已有的适用于大批量生产的自动线生产方式,寻求一条有效途径来解决单件小批量生产的自动化问题。

(2) 产品生命周期明显缩短。由于生产、生活的需要对产品的功能不断提出新的要求,同时由于技术的进步为产品的不断更新提供了可能,从而使产品的生命周期越来越短,以汽车为例,1970年的汽车平均生命周期为12年,1980年缩短为4年,1990年仅为18个月,2000年缩短为1年左右,2010年缩短为约6个月。

(3) 产品交货期的缩短。缩短从订货到交货的周期是产品赢得竞争的重要手段。据报道,美国公司的交货期最少可为几十小时。

1.2.2 科学技术的发展条件

近几十年来,科学技术在各个领域发生了深刻变化,出现了新的飞跃。据有关资料介绍,人类掌握的科学知识在19世纪是每50年增加1倍,20世纪中叶每10年增加1倍,20世纪70年代每6年增加1倍,目前每2~3年增加1倍。科学知识增加的周期缩短意味着技术手段变得先进。

1945年,美国制造出第一台电子计算机以后,计算机经历了电子管、晶体管、小规模集成电路、大规模和超大规模集成电路的发展过程。

计算机的发展和应用给制造业带来了深刻的变化,出现了一系列新技术、新概念。其中CAM、CAPP、FMS、CIMS经过几十年的发展,技术上日益成熟,已部分地或完全地应用于生产实践中。与此同时,自动控制理论、制造工艺以及生产管理科学,也都有了日新月异的变化,这就为FMS的产生提供了基础。

计算机辅助制造技术的发展应从数控机床的产生发展算起,自1952年美国麻省理工学院研制成功世界上第一台数控铣床后,计算机辅助制造技术就被公认为是解决单件小批量生产自动化的有效途径。仅50年的时间,就有了飞速的发展。先是控制元器件方面的不断革新,电子管、晶体管、大规模集成电路的相继出现,仅用了20年就发生了四次根本性的变革。与此同时,机床本身也在机械结构和功能方面有了极大的发展,滚珠丝杠、滚动导轨、变频变速主轴的应用,加工中心的出现,都给机床结构带来了巨大的变化。伺服系统也从步进电动机驱动、直流伺服驱动发展到了交流伺服驱动,同时控制理论方面有了长足进步。

20世纪70年代初期出现了计算机数控系统(CNC),给计算机软件的发展带来了一个极大的转机。过去的硬件数控系统要进行某些改变或是增加一些功能都要重新进行结构设计,而CNC系统只要对软件进行必要的修改,就可以适应新的要求。与此同时,工业机器人(industrial robot,IR)和自动上下料机构、交换工作台、自动换刀装置都有很大的发展,于是出现了自动化程度更高、柔性更强的柔性制造单元(flexible manufacturing cell,FMC)。又由于自动编程技术和计算机通信技术的发展而出现了由一台大型计算机控制若干台机床或由中央计算机控制若干台CNC机床的计算机直接控制系统,即DNC。

20世纪70年代末80年代初,计算机辅助物料管理和物流自动搬运、刀具管理和计算机网络,数据库的发展以及CAD/CAM技术的成熟,出现了更加系统化、规模更加扩大的柔性制造系统，即 FMS。

综观世界的工业发展，从 20 世纪初到 80 年代，以大量生产为代表的先进制造方式曾经创造过辉煌。在 1955 年的全盛时期，作为工业发达的美国汽车制造业，首次创出年产 700 万辆汽车并占世界汽车总销售量的 75% 的纪录，通过广泛应用专业高效机床、组合机床、单品种加工自动线和流水装配线等制造技术，使汽车的装配周期从过去单件装配方式的 514 min，缩短为 19 min。大量生产创造了比单件生产高数百倍的生产效率，成为世界主导的生产方式，并传播到各工业国家，甚至连欧洲最保守的汽车公司也向大量生产方式转变。美国汽车产量在 1965 年达到 930 万辆，1973 年达 1260 万辆，在经济衰退期后的 1993 年还达到近 1000 万辆。但随着经济的发展，世界经济的构成出现了多元化，经济和科技的发展市场日益国际化、全球化，用户对产品的需求日益多样化、个性化，竞争更加激烈。日本汽车工业摒弃了大量生产方式在人力资源、库存资金积压上造成的极大浪费，特别是单一品种生产对市场变化的需求极不适应的种种弊端，发展了按市场订单进行即时生产的丰田汽车模式，即精益生产（lean production, LP）模式。日本汽车从 1950 年仅生产 67 万辆，到 1970 年已达 530 万辆，1980 年达到 1000 万辆，开始超过美国。20 世纪 60 至 80 年代，以数控机床应用为基础的柔性制造技术在汽车、飞机以及其他一些行业中得到发展，其应用结果表明：柔性制造适用于多品种、变批量产品的生产。20 世纪 80 年代末，柔性制造技术发展了以数控加工中心、数控加工模块及多轴加工模块组成的柔性自动线，使得自动线柔性化，给单一品种的大量生产方式带来了转机。

可以认为，正在不断发展和进步的柔性制造方式是适应 21 世纪工业生产的主导方式。改革开放以来，中国的制造业有了很大的进步。产品的外观和包装有了很大的提高，产品的品种和规格也增加了很多，已有不少产品打入了国际市场。但与工业发达国家相比，除了价格优势外，在功能、质量、投放市场时间和售后服务等方面均存在一定的差距。中国政府及社会各界人士已充分认识到了这个问题，积极商量对策，采取多种措施，赶上世界潮流。在 2002 年 12 月召开的中国机械工程学会的年会上，把"制造业与中国未来"作为大会的主题；我国的《国家中长期科学和技术发展规划纲要（2006—2020）》也强调了大力振兴装备制造业，并以低碳技术为特征可持续发展，作为机械工程学科领域的重要研究特点和时代特征之一。放眼世界，随着经济全球化进程日益加快，新一轮的世界产业结构调整正在不断推进，国际分工正在更为宽广的领域中展开。如何在全球经济格局中占据有利位置，如何应对高科技时代的激烈竞争，如何化解全球化这把双刃剑可能带来的伤害，如何赢得未来世界对自己国家和民族的尊重，已经成为各国必须应答的命题。

从以上制造业的发展历程可以看出：制造技术变革总是在市场需求及科技发展这两方面的推动作用下演化的，当前制造技术的前沿已发展到以信息密集的柔性自动化生产方式满足多品种、变批量的市场需求，并开始向知识密集的智能自动化方向发展的阶段。

1.3 FMS 的组成及工作原理

1.3.1 柔性制造技术

柔性制造技术（flexible manufacturing technology, FMT）是建立在数控装备应用基础上的、正随着制造业技术进步而不断发展的新兴技术，是一种主要用于多品种、中小批量或变批量生产的制造自动化技术，它是将各种不同形状的加工对象有效且适应性转化为成品的各种技术的总称。FMT的根本特征是"柔性",它是指制造系统或制造企业对系统内部及外部环境的一种适应能力,也是指制造系统能够适应产品变化的能力。柔性可分为瞬时、短期和长期三种:① 瞬时柔性是指设备出现故障后,系统自动排除故障或将零件转移到另一台设备上继续进行加工的能力;② 短期柔性是指系统在短期(如间隔几小时或几天)内适应加工对象变化的能力,包括在任意时刻混合加工两种以上的零件的能力;③ 长期柔性则是指系统在较长时间(几周或几个月)使用中,加工各种不同零件的能力。迄今为止,柔性还只能定性地加以分析,还没有科学的量化指标。因此,凡具备上述三种柔性特征之一的具有物料或信息流的自动化制造系统都可以称为柔性自动化制造系统。

FMT是计算机技术在生产过程及其装备上的应用,是将微电子技术、人工智能技术与传统加工技术融合在一起,具有柔性化、自动化、高效率的先进制造技术。FMT是在机械转换、刀具更换、夹具调整、模具转位等硬件柔性化的基础上发展而成为自动变化、人机对话转换以及智能化地对不同加工对象实现程序化的柔性制造加工的一种崭新技术,是自动化制造系统的基本单元技术。

FMT有多种不同的应用形式,按照制造系统的规模、柔性和其他特征,柔性自动化具有如下形式,如独立制造岛(alone manufacturing island,AMI)、柔性制造单元(FMC)、柔性生产线(flexible manufacturing line,FML)、准柔性制造系统(P-FMS)、柔性制造系统(FMS)和以FMS为主体的自动化工厂(factory automation,FA)。概括地说,凡是在计算机辅助设计、辅助制造系统支持下,采用数控设备(NC)、分布式数控设备(DNC)、柔性制造单元、柔性制造系统、柔性自动线(felxible technology line,FTL)、柔性装配系统(flexible assemble system,FAS)等具有一定制造柔性的制造自动化技术,都属于FMT的应用范围。所以,FMT是在数控机床研制和应用的基础上发展起来的,考察其产生的背景,则离不开计算机技术、微电子技术的发展。为了获得较明确的技术概念,对FMT各构成单元结构阐述如下。

NC是一种机床或工业加工设备(包括焊机、金属成形及钣金加工设备等),其加工运动的轨迹或加工顺序是由数字代码指令确定的,它通常是由计算机辅助制造(CAM)软件生成的。

CNC是一种具有内装式专用小型计算机的数控系统。

DNC-1是将一组数控设备连接到一个公共计算机存储器的系统,该存储器按需要在线地分配数控指令给数控设备的控制器。

DNC-2是能将主控计算机存储器中存储的各种零件加工的NC程序,通过分布式前端控制器(也称工作站)分配、发送到数控设备的控制器去,并能采集数控设备上报的工况信息的系统。

MC(machining center,加工中心)是一种带有刀库和自动换刀装置、对零件进行一次装夹多工序加工的自动化机床,常用的有钻镗铣类、车削类、车铣复合加工中心等。

FMC通常是由一台加工中心、一组公共工件托盘及其传送装置组成的制造单元,工件托盘按单一方向传送,传送装置的循环起点是工件装卸工位,控制系统没有生产调度功能。但也有少数FMC由多台加工中心组成,具有初步的调度功能。

FMS是一个在中央计算机控制下由两台及以上配有自动换刀装置和自动更换工件托盘的数控机床与为之供应刀具和工件托盘的物料运送装置组成的制造系统,它具有生产负荷平衡调度和对制造过程实时监控的功能以及制造多种零件族的柔性自动化功能。

FTL由多台柔性加工设备及一套自动工件传送装置和控制管理计算机组成。柔性加工设备可以是2~3坐标数控加工模块、多轴加工模块(转塔式或自动换箱式)或数控加工中心的组合,其关键是按传送线输送方向的顺序加工工件,适合于大批量生产,并具有加工零件品种数在一定范围内变化的制造柔性生产线。

FAS由控制计算机、若干台工业机器人、专用装配机及自动传送线和线间运载装置,包括AGV(automated guided vehicle)、滚道式传送器等组成,用于印制电路板插装电子器件或各种电动机、机械部件等的自动装配。

1.3.2 FMS概念及其分类

由于柔性制造系统还在深入发展中,所以,目前对于FMS的概念还没有统一的定义,它作为一种新的制造技术的代表,不仅在零件的加工中,而且在与加工有关的领域里也得到了越来越广泛的应用,这就决定了FMS的组成和机理的多样性。

根据我国国家军用标准有关"武器装备柔性制造系统术语"的定义,柔性制造系统是由数控加工设备、物料运储设备和计算机控制系统等组成的自动化制造系统,它包括多个柔性制造单元,能根据制造任务或生产环境的变化迅速进行调整,适用于多品种、中小批量生产。该标准还对与FMS密切相关的术语的定义作了规定。

美国制造工程师协会的计算机辅助系统和应用协会把柔性制造系统定义为:"使用计算机控制、柔性工作站和集成物料运储装置来控制并完成零件族某一工序或一系列工序的一种集成制造系统。"

还有一种更直观的定义是:柔性制造系统是至少由两台数控机床、一套物料运输系统(从装载到卸载具有高度自动化)和一套计算机控制系统所组成的制造系统,它采用改变软件的方法便能制造出某些部件中的任何零件。

综合现有的各种定义,我们认为:柔性制造系统乃是在机械制造技术、自动化技术和信息技术的基础上,通过计算机软件科学,把工厂生产活动中的自动化设备有机地集成起来,打破设计和制造的界限,实现计算机辅助设计及工艺规程设计,使产品设计、加工制造工艺相互结合,以适合多品种、中小批量零件生产的高柔性、高效率的制造自动化系统。

与刚性自动化工序分散、节拍固定和流水线生产的特征相反,柔性制造自动化的特征是:工序相对集中,没有固定的生产节拍,物料排序输送。柔性制造自动化的目标是:在中小批量生产条件下,接近大量生产方式的刚性自动化所达到的高效率和低成本,并同时具有刚性自动化所没有的灵活性。主要体现在加工、运储、调度决策、控制等方面具有柔性。

图1-1所示的是一个典型的柔性制造系统。在装卸站将毛坯安装在起初已固定在托盘上的夹具中,然后物料传送系统把毛坯连同夹具和托盘输送到进行第一道加工工序的加工中心旁边排队等候,一旦加工中心空闲,零件就立即被送上加工中心进行加工。每道工序加工完毕后,物料传送系统将该加工中心完成的半成品取出并送至执行下一工序的加工中心旁边排队等候。如此不断地进行,直至完成最后一道加工工序。在完成零件的整个加工过程中,除进行加工工序外,若有必要还可进行清洗、检验以及压套组装等工序。

FMS具有较好的柔性,但是,这并不意味着一条FMS生产线就能生产所有类型的产品。事实上,现有的柔性制造系统都只能制造一定种类的产品。据统计,从工件形状来看,95%的FMS可用于加工箱体类或回转体类工件。从工件种类来看,很少有加工20种产品以上的FMS,多数系统只能加工10多个品种。现有的FMS大致可分为三种类型。

(1) 专用型。以一定产品配件为加工对象组成的专用FMS,例如,汽车底盘柔性加工系统。

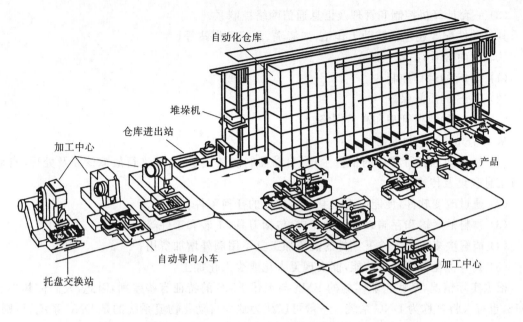

图 1-1 典型的柔性制造系统

(2) 监视型。具有自我检验和校正功能的 FMS,其监视系统的主要功能如下。

① 工作进度的监视。包括程序运行、循环时间和自动电源切断的监视。

② 运行状态的监视。包括刀具破损检测、工具异常检测、刀具寿命管理、工具及夹具的识别等。

③ 精度监视。包括镗孔自动测量、自动曲面测量、自动定位中心补偿、刀尖自动调整和传感系统。

④ 故障监视。包括自动诊断监控和自动修复。

⑤ 安全监视。包括障碍物、火灾的预检。

(3) 随机任务型。可同时加工多种相似工件的 FMS。

在加工中、小批量相似工件(如回转体类、箱体类以及一般对称体工件等)的 FMS 中,具有不同的自动化传送方式和存储装置,配备有高速数控机床、加工中心和加工单元;有的 FMS 可以加工近百种工艺相近的工件。与传统加工方法相比,FMS 的优点如下所述。

① 生产效率可提高 140%～200%。

② 工件传送时间可缩短 40%～60%。

③ 生产面积利用率可提高 20%～40%。

④ 设备(数控机床)利用率每班可达 95%。

1.3.3 FMS 的特征

对 FMS 各种定义的描述方法虽然不同,但它们都反映了 FMS 应具备下面这些特征。

从硬件的形式看,它由三部分组成:

(1) 两台及以上的数控机床或加工中心以及其他的加工设备,包括测量机、各种特种加工设备等;

(2) 一套能自动装卸的运储系统,包括刀具的运储和工件原材料的运储。具体可采用传送带、有轨小车、无轨小车、搬运机器人、上下料托盘、交换工作站等;

(3) 一套计算机控制和管理及信息通信网络控制系统。

其他硬件配置还包括辅助工作站,如清洗、监控工作站等。

从软件内容看,主要包括:

(1) FMS 的运行控制;

(2) FMS 的质量保证;

(3) FMS 的数据管理和通信网络。

从 FMS 的功能看,它必须是:

(1) 能自动地进行零件的批量生产,自动控制制造质量,自动进行故障诊断及处理,自动进行信息收集及传输;

(2) 通过改变软件,便能制造出某一零件族的任何零件;

(3) 物料的运输和存储必须自动完成(包括刀具、工装和工件等);

(4) 能解决多机床条件下零件的混流加工且不用额外增加费用;

(5) 具有优化调度管理功能,能实现无人化或少人化加工。

根据实际情况,某些企业实施的 FMS 与上述 FMS 的特征有些差别,因此,人们称其为准 FMS,也有人将其称为 DNC 系统。一般可以认为缺少自动化物流系统的是 DNC 系统,否则,可称为 FMS 系统。所以,DNC 系统与 FMS 系统主要的区别在于是否有自动化物流系统,二者在系统的调度和管理上存在一些差别。

由于 FMS 将硬件、软件、数据库和信息集成在一起,融合了普通数控机床的灵活性和专用机床及刚性自动化系统的高效率、低成本等特点,因而它具有许多优点。

(1) 在计算机直接控制下实现产品的自动化制造,大大提高了加工精度和生产过程的可靠性。

(2) 使生产过程的控制和流程连续进行,并且达到最佳化,有效提高了生产效率。

(3) 实现了系统内材料、刀具、机床、运储、夹具以及测量检验站的理想配置,具有良好的柔性。

(4) 可直接调整物流(即工件流、刀具流、配套流)和制造中的各道工序,制造了不同品种的产品,大大提高了设备的利用率。

1.3.4 FMS 的一般组成

一种柔性制造系统(FMS)由三部分组成:多工位数控加工系统(简称加工系统)、自动化的物料运储系统(简称物流系统)和由计算机控制的信息系统(简称信息流系统),如图 1-2 所示。

1. 加工系统

加工系统的功能是以任意顺序自动加工各种工件,并能自动地更换工件和刀具,通常由若干台加工零件的 CNC 机床和 CNC 板材加工设备以及刀具构成。

加工箱体零件为主的 FMS 配备有 CNC 加工中心(有时也配置 CNC 铣床);加工回转体零件为主的 FMS 配备有 CNC 车削中心和 CNC 车床(有时也称为 CNC 磨床)。也有能混合加工箱体零件和回转体零件的 FMS,它们既配备有 CNC 加工中心,也配备有 CNC 车削中心和 CNC 车床。对于专门零件加工,如齿轮加工的 FMS,则除配备 CNC 车床外还配备 CNC 齿轮加工机床(数控滚齿、数控磨齿机床)。在现有的 FMS 中,加工箱体零件的 FMS 占的比例较大,主要是由于箱体、框架类零件采用 FMS 加工时经济效益特别显著。

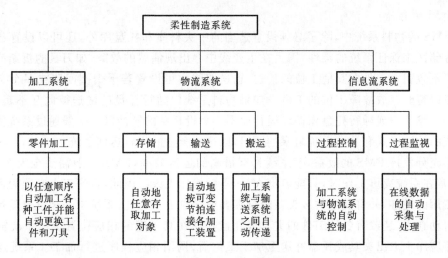

图 1-2　FMS 构成框图

在加工较复杂零件的 FMS 加工系统中,由于机床上机载刀库能提供的刀具数量有限,除尽可能使产品设计标准化以便使用通用刀具和减少专用刀具的数量外,必要时还需要在加工系统中设置机外自动刀库,以补充机载刀库容量的不足。

2. 物流系统

FMS 中的物流系统与传统的自动线或流水线有很大的差别,整个工件传输系统的工作状态是可以进行随机调度的,而且都设置有储料库以调节各工位上加工时间的差异。物流系统包括工件的输送和存储两个方面。

1) 工件的输送

工件的输送应包括工件从系统外部送入系统和工件在系统内部的传送两部分。目前,大多数工件送入系统和向夹具上装夹工件仍由人工操作,系统中设置装卸工位,较重的工件可用各种起重设备或机器人搬运。工件输送系统按所用运输工具可分成四类:自动运输小车、轨道传送系统、带式传送系统和机器人传送系统。

按物料输送的路线,可将工件输送系统概括为直线形输送和环形输送两种类型,直线形输送主要用于顺序传送,输送工具是各种传送带或自动运输小车,这种系统的存储容量很小,常需要另设储料库。而环形输送时,机床布置在环形输送带的外侧或内侧,输送工具除各种类型的轨道传送带外,还可以是自动输送车或架空悬挂式输送装置,在输送路线中还设置若干支线作为储料和改变输送路线之用,使系统能具有较大的灵活性来实现随机输送。在环形输送系统中还有用许多随行夹具和托盘组成的连续供料系统,借助托盘上的编码器能自动识别地址以达到任意编排工件的传送顺序。这种输送方式的存储功能大,一般不设中间料库,近年来,采用较为普遍。

为了将带有工件的托盘从输送线或输送小车上送上机床,在机床前还必须设置穿梭式或回转式的托盘交换装置。

在选择物料输送系统的输送工具和输送路线时,都必须根据具体加工对象和工厂具体环境及工厂投资能力做出经济合理的选择。例如,箱体类零件较多时采用环形或直线形轨迹传送系统或自动输送小车系统,而回转体类零件较多时采用机器人或自动输送小车系统,以及二者的组合。采用感应线导向或光电导向的无轨自动输送小车虽具有占地面积小、使用灵活等优点,但控制路线复杂,难以保证高的定位精度,车间的抗干扰设计要求和投资也比较高。

2) 工件的存储

在 FMS 的物料系统中,除了必须设置适当的中央料库和托盘库外,还可以设置各种形式的缓冲存储区来保证系统的柔性,因为在生产线中会出现偶然的故障,如刀具的折断或机床故障。为了不致阻塞工件向其他工位的输送,输送路线中可设置若干个侧回路或多个交叉点的并行料库以暂时存放故障工位的工件。如果物料系统中随行托盘的输送彼此互不超越时,也可使自动运输小车或随行托盘作循环运行而不必另设特殊的缓冲区。一般通过系统仿真仔细分析系统的故障形式和导致系统阻塞的原因,以选择合适的物料运储系统。

为了充分发挥 FMS 的效益,使系统具有最高的运行效率,FMS 一般需要全天 24 小时工作,而通常在系统夜班工作时,只配值班人员,不配操作工人。因此,日班工人必须为夜班准备足够加工用的毛坯,并将其定位装夹在随行夹具或托盘上。为此,系统中必须设置随行夹具或托盘的自动仓库,装载有各种工件的夹具或托盘存储在其子库的相应位置上。系统输送装置指令从相应库上取出夹具或托盘并送至加工工位后,调用相应程序进行加工。系统还能通过物料运储系统将完工零件存入夹具或托盘库的空位上。

3. 信息流系统

信息流系统包括过程控制及过程监视两个子系统,其功能分别为:进行加工系统及物流系统的自动控制,以及在线状态数据自动采集和处理。FMS 中的信息由多级计算机进行处理和控制,其主要任务是:组织和指挥制造流程,并对制造流程进行控制和监视;向 FMS 的加工系统、物流系统(存储系统、输送系统及操作系统)提供全部控制信息并进行过程监视,反馈各种在线检测数据,以便修正控制信息,保证系统可靠安全地运行。

1.3.5 FMS 的工作原理

图 1-3 所示为 FMS 的模型和工作原理框图。根据图 1-3 可知,FMS 工作过程可以这样来描述:可变制造系统接到上一级控制系统的有关生产计划信息和技术信息后,由其信息流系统(可编程控制系统)进行数据信息的处理、分配,并按照所给的程序对物流系统进行控制。

料库和夹具库根据生产的品种及调度计划信息供给相应品种的毛坯,选出加工所需要的夹具。毛坯的随行夹具由输送系统送出。工业机器人或自动装卸机按照信息系统的指令和工件及夹具的编码信息,自动识别和选择所装卸的工件及夹具,并将其装到相应的机床上。机床的加工程序识别装置根据送来的工件及加工程序代码,选择加工所需要的加工程序、刀具及切削参数,对工件进行加工。加工完毕,按照信息系统输给的控制信息转换工序,并进行检验。全部加工完毕后,由装卸及运输系统送入成品库,同时把加工质量和数量的信息送到监视和记录装置,随行夹具被送回夹具库。

当需要变更产品零件时,只要改变输给信息系统的生产计划信息、技术信息和加工程序,整个系统即能迅速、自动地按照新要求来完成新产品的加工。

计算机控制着系统中物料的循环,执行进度安排、调度和传送协调的功能,它不断收集每个工位上的统计数据和其他制造信息,以便汇总报告。

1.3.6 FMS 的"柔性"

FMS 必须以柔性制造设备(如托盘化 CNC 加工中心机床)为基础,而不能由没有固有柔性的设备(如专用机床)来构成。在一个柔性制造设备或系统建成后,运行起来所能达到的柔性不仅取决于制造设备或系统固有的柔性,而且还取决于用户企业的制造能力、管理经验、企

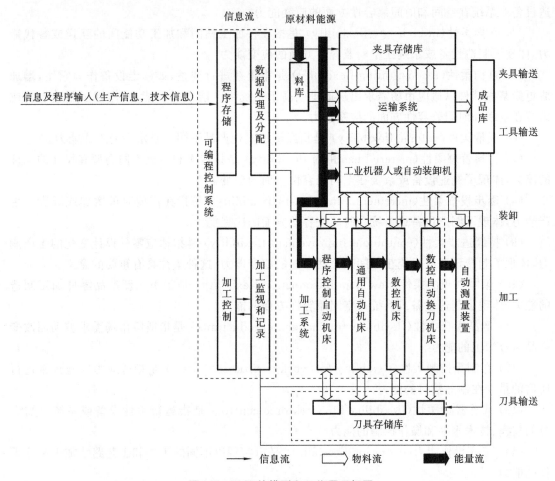

图 1-3 FMS 的模型和工作原理框图

业文化和为满足市场需求所采取的制造策略等因素,或者说一个柔性制造设备或系统还存在有一种通过用户方可实现的柔性。因而,对于某个确定的柔性制造设备或系统来说,其柔性是由其固有柔性和可实现柔性两大部分组成的。

FMS 的"柔性"是指一个柔性制造设备或系统适应各种可能变化或新情况的"应变"能力。FMS 的这种应变能力表现在空间兼容性和时间兼容性两个方面。空间兼容性是指要求制造系统适应多种操作,有能力适应多种不同类型结构、尺寸的零件加工制造,具有在一定的加工工艺范围内的兼容性;时间兼容性是指要求制造系统有能力应付短期、中期或长期可能发生的变化,具有在时间上的兼容性。多年来,国内外学者对 FMS 的柔性进行了深入研究,其定义和测定方法各有不同。定量测定制造系统的柔性是很费时的,也是很不经济的。通常应考虑如下若干项,或者说存在如下若干项可用于评估或测定柔性制造设备或系统的柔性的指标:

(1) 机床柔性(machine tool flexibility)是指构成 FMS 的机床从一种工序加工转向另一种工序加工的能力。该柔性主要取决于机床的刀库容量。这是一种固有柔性,很难被用户改变。

(2) 路由柔性(routing flexibility)是指一个给定加工工艺规划的零件在 FMS 系统中以不同加工路线实现柔性加工的能力。

(3) 加工柔性(tooling flexibility)是指加工制造一种新零件或改进零件的能力,体现了制造设备或系统在空间和时间兼容性方面的应变能力。

(4) 互换柔性(interchange flexibility)是指在各加工站间和加工功能间的互换或替代能力,体现了制造设备或系统在空间兼容性方面的应变能力。

(5) 重构柔性(reconstituting flexibility)是指重新进行调整,如移走设备作为它用,增加或更换某些部件以适应市场需求出现低于或高于系统生产能力时的能力,体现了制造设备或系统在空间和时间兼容性方面的应变能力。

(6) 产量柔性(volume flexibility)是指经济地实现产品不同产量水平的工作能力。

(7) 物料管理柔性(material handling flexibility)是指传送和存放不同类型和尺寸的工件的能力,体现了制造设备或系统在空间兼容性方面的应变能力。

(8) 逐步投资柔性(incremental investment flexibility)是指在需要时可增加或减少其生产能力,体现了制造设备或系统在时间兼容性方面的应变能力。

(9) 持续进步柔性(continuous improvement flexibility)是指适应零件设计变化的生产能力,体现了制造设备或系统在空间兼容性方面的应变能力,这种柔性具有重要的意义。

(10) 新零件项的柔性(new item introduction flexibility)是指引入新产品零件加工制造的能力,体现了制造设备或系统在空间兼容性方面的能力。

(11) 产品组合柔性(flexibility for change in product mix)是指适应市场需求波动而改变产品组合加工的能力。

(12) 在制品控制柔性(flexibility for work-in-process control)是指适应为实施正常运行所需的最少在制品数目的能力。

(13) 操作控制柔性(flexibility for workforce control)是指运行柔性设备或系统所需人员的规模、技术水平和操作控制的能力。

(14) 工序操作能力(operation flexibility)是指实现以不同的工序和工艺路线加工某一零件的能力。

(15) 故障控制柔性(trouble control)是指对故障停机的管理能力。

(16) 软件柔性(software flexibility)是指在需要进行如前所述的某种"应变"的情况下,系统管理与控制软件的适应能力,体现了制造设备或系统在空间和时间兼容性方面的应变能力。

1.4 柔性制造技术的发展趋势

如前所述,柔性制造技术是建立在数控技术应用基础上的,而且随着市场的全球化,无论是发达国家还是发展中国家都将柔性制造技术列为最重要的发展计划之一。自1952年数控机床首次问世,按照约翰·蒂·帕尔逊提出的用穿孔带输入数据,以控制加工直升机变截面桨叶的设想,美国麻省理工学院伺服机构实验室于1952年研制出三坐标数控铣的原型样机,开创了NC加工新纪元。1958年,加工中心首次出现,凯尼·特雷克公司(Kearney & Tracker,K&T)首先研制出带自动换刀功能的多工序加工的数控镗铣床。1967年,英国Molins公司的工程师狄奥·威廉姆逊(Theo Williamson)研制出莫林-24系统(Theo Molins System-24),意即全天24小时都可工作,系统由几台类似于卧式加工中心的数控机床、轨道运输车、工件托盘及刀具托盘运送系统、自动仓库组成。1970年,美国K&T公司推出的飞机和拖拉机零件的多品种、小批量生产的自动线被人们公认为FMS的起源。FMS的出现解决了在离散型工业生产中一直试图解决而未能解决的经常变换品种的中小批量生产的自动化问题。40多年来,FMT及FMS受到广泛重视,发展迅速并且日趋成熟。20世纪70年代后期到80年代是FMS蓬勃发展的时期。1982年,美国芝加哥国际机床展览会和日本第11届大阪国际机床展览会充分说明了FMS已从实验阶段进入实用阶段,并已开始商品化。英国、日本等工业发达国家都先后推出了一些大型的FMS发展计划,耗资几千万乃至上亿美元,与此同时,考虑到企业的经济承受能力及投资风险性,也推出不少小型、经济型的FMS。20世纪70年代后期,FMC及以后的独立制造岛、P-FMS的出现,使企业的柔性化制造找到了一条经济、实用又可留有发展余地的道路。同时FMS的概念也已向其他生产领域移植,如从机械加工扩展到钣金、冲压、激光加工、电火花加工、焊接、铸造等领域,从机械加工行业扩展到服装、食品等行业。

近年来,在制造自动化技术领域,以柔性制造单元(FMC)和柔性制造系统(FMS)为代表的柔性制造技术(FMT)得到了快速发展和应用,用以实现高柔性、高生产率、高质量、低成本的产品制造,使企业生产经营能力整体优化,适应产品更新和市场快速变化,保持企业在市场上的竞争优势。

柔性制造自动化技术包括FMS的四个基本部分中的自动化技术,即自动化的加工设备、自动化的刀具系统、自动化的物流系统以及自动化控制与管理系统,还包括各组成部分之间的有机结合和配合,即物流和信息流集成技术以及人与系统集成技术。FMT大致包括下列内容:规划设计自动化、设计管理自动化、作业调度自动化、加工过程自动化、系统监控自动化、离散事件动态系统(DEDS)的理论与方法、FMS的体系结构、FMS系统管理软件技术、FMS中的计算机通信和数据库技术。

FMT及FMS的发展之所以如此迅猛,是因其集高效率、高质量和高柔性于一体,解决了近百年来中小批量、中大批量多品种和生产自动化之间的技术难题,FMS的问世和发展是机械制造业生产及管理上的历史性变革,FMT及FMS的应用能有力地支持企业实现优质、高效、低成本、短周期的竞争优势,已成为现代集成制造系统必不可少的基石和支柱。

FMT的出现、发展、进步和广泛应用,对机械加工行业及工厂自动化技术发展产生了重大影响,并开创了工厂自动化技术应用的新领域,大大促进了计算机集成制造技术(CIMT)的发展和应用。20世纪60至80年代,世界范围内的FMS获得了年增长率约为15%的快速发展和应用。在FMS领域,美国、西欧和日本居世界之首。美国是发展FMS最早的国家,多数由自动生产线改造,用数控加工中心机床代替组合机床并加上计算机控制,其规模一般较大(9~10台),平均投资1500万美元,加工3~150种零件,年产量为0.2万~10万件。在美国,特别是FMC得到了快速的发展和应用。

日本是发展FMS较晚的国家。1992年,日本调查了涉及10个行业的12073家企业,金属切削机床总数为719626台,数控化率20.8%(1987年为10.9%)。德国发展FMS的情况与美国、日本有所不同,主要用于中小规模企业,FMS规模较小(4~6台机床)。从规模上看,FMS以4~6台机床组成的为最多,一般不多于10台;从批量上看,以10~50件和50~1000件为最多。进入20世纪90年代后,尽管FMS发展遇到了一些困难,且由于机床制造业出现了世界性的滑坡,影响了FMC、FMS的发展和应用速度。但工业界经长期实践,积累了丰富的经验和教训,已超越了早期FMS技术概念的约束,不再盲目追求实现加工过程的全盘自动化,更加注重信息集成和人在CIMS和FMS中的积极作用。对FMS而言,人们已经认识到:如果系统规模较小,并允许人更多地介入,系统运行往往会更有成效。

现在,FMT已朝着更加正确的方向发展,并开发了新的柔性制造设备,例如,由高性能柔性加工中心构成的 FMC、FTL 得到广泛应用。同时，工业界已更加注重 FMT 与集成化 CAD/CAPP/CAM、工厂或车间生产控制和管理系统 PCMS 相集成，以达到使企业生产经营能力集体优化的目的，并适应动态多变的市场需求。

当今，"柔性"、"敏捷"、"智能"和"集成"乃是制造设备和系统的主要发展趋势。FMT 仍在继续发展之中，并将更趋成熟和实用。FMS 的构成和应用形式将更加灵活和多样，为越来越多的企业所接受。特别是随着工业机器人技术的成熟和应用，小型 FMS 在吸取了 FMS 应用实践经验后发展迅速，其总体结构通常采用模块化、通用化、硬软件功能兼容和可扩展的设计技术。这些模块具有通用功能化特征，相对独立性好，配有相应硬件、软件接口，容易按不同需求进行组合和扩展。与大型 FMS 相比，投资较低，运行可靠性好，成功率较高。这种小型化 FMS 和伴随着 DNC、FMS 技术发展而附带生产的 FMC 技术将具有更加强大的生命力而得到快速发展和广泛应用，并可能形成商品化的柔性制造设备，成为制造业先进设备的主要发展趋势。

柔性制造技术的发展趋势主要表现在：

（1）利用技术相对成熟的标准模块去构造不同用途的系统；

（2）FMC 功能进一步发展和完善。FMC 比 MC 功能全，比 FMS 规模小、投资少、可靠性高，也便于连成功能可扩展的 FMS；

（3）FMS 效益显著，向小型化、多功能化方向发展；

（4）在已有的传统组合机床及其自动化生产线基础上发展起来了 FTL，用计算机控制管理，保留了组合机床模块结构和高效的特点，又加入了数控技术的有限柔性；

（5）向集成化、智能化方向发展。

思考题与习题

1. 试比较广义制造概念与狭义制造概念的区别。
2. 简述制造系统的组成、功能、分类及特性。
3. 柔性制造系统诞生的背景是什么？
4. 柔性制造系统的"柔性"体现在哪些方面？试阐述柔性制造系统对"刚性"自动线的共同性和特殊性。
5. 简述柔性制造系统的基本组成、工作原理和适用范围。
6. 简述柔性制造系统是如何适应多品种、中小批量生产的。
7. 论述柔性制造系统的主要特征。
8. 柔性制造系统有几种类型？其形成和发展主要包括哪几个阶段？
9. 解释下列英文缩略词：FMS、FMC、FMT、FML、MC、CNC、DNC、CIM、CIMS。
10. 简述柔性制造技术的发展趋势，为什么说智能集成制造系统是自动化制造系统的发展方向。

第 2 章 FMS 的加工系统

2.1 FMS 对加工设备的要求及其配置

2.1.1 FMS 对加工设备的要求

FMS 是由物料运储系统连接的一组 CNC 机床等生产设备所组成的,生产过程是由多级计算机系统进行计划、实施和控制的,因此对集成于系统运行的机床的具体要求如下:

(1) 工序集中 这是 FMS 中机床最重要的特点。由于柔性制造系统是高度自动化的制造系统,价格昂贵,因此要求加工设备的数目尽量少,并能接近满负荷工作。此外,加工工位少可以减轻工件流的输送负担,还可保证工件的加工质量。所以工序集中成为柔性制造系统中的机床的主要特征。

(2) 高柔性与高生产率 为了满足生产柔性化和高生产率的要求,近年来在机床结构设计上形成两个发展方向:柔性化组合机床和模块化加工中心。柔性化组合机床又称可调式机床,例如,自动更换主轴箱机床和转塔主轴箱机床。这就是把过去适合大批量生产的机床进行了柔性化。模块化加工中心就是把加工中心也设计成由若干通用部件、标准模块组成,根据加工对象的不同要求组合成不同的加工中心,以实现高柔性、高质量、高生产率加工。

(3) 易于控制 柔性制造系统是采用计算机控制的集成化制造系统,所采用的机床必须适合纳入这个计算机控制系统。因此,机床的控制系统要能够实现自动循环,能够适应加工对象改变时易于重新调整等要求。

(4) 具有自动保护装置 为了使加工设备安全、可靠地运行,数控机床一般配备有自动润滑、冷却系统及其故障诊断和报警提示(包括指示灯、音响),具有最大行程限位开关及机械、电气等保护装置,以免出现超程、过载、欠电压和过电压等故障。

另外,FMS 中的所有设备受到本身数控系统和整个计算机控制系统的调度、指挥,要能实现动态调度、资源共享,就必须在各机床之间建立必要的接口和标准,以便准确及时地实现数据通信与交换,使各个生产设备、运储系统、控制系统等协调地工作。

2.1.2 加工设备的配置

FMS 中运行的加工设备对可靠性、自动化程度和运行效率等均要求很高。在选择时,要考虑到该 FMS 加工零件的尺寸范围、经济效益、零件的工艺性、加工精度和材料等。换言之,FMS 的加工能力完全是由其所包含的机床来确定的。现在,加工棱体类零件的 FMS 技术比加工回转体零件的更成熟。对于棱体类零件,机床的选择通常都在各种型号的立式和卧式加工中心以及专用机床(如可换主轴箱的)之中进行。

对于回转体类零件的加工,可以采用立式转塔车床。对于长径比小于 2 的回转体零件,不需要进行大量铣、钻和攻螺纹加工的圆盘、轮毂或轮盘,通常也是放在加工回转体类零件的 FMS 上进行加工的。系统可由加工中心与立式转塔车床组成,尤其是当立式转塔车床与卧式加工中心结合使用时,每种零件都需要较多的夹具,因为这两种机床的旋转轴不同。这个问题可以通过在卧式机床上采用可倾式回转工作台来解决,但也应当考虑到在标准加工中心上增加一可倾式工作台将大大增加其成本,事实上它已成为一台五坐标 CNC 机床。此外,托盘、夹具和零件都悬伸出工作台外,由于下垂和加剧磨损等,使精度降低更为严重。

加工轴类零件的 FMS 技术现在仍处在发展阶段。可以把具有加工轴类和盘类工件能力的标准 CNC 车床结合起来,构成一个加工回转体零件的 FMS。

在 FMS 中待加工生产的零件族决定着这些加工中心所需要的功率、加工尺寸范围和精度。FMS 适用于中小批量生产,既要兼顾对生产率和柔性的要求,也要考虑系统地可靠性和机床的负荷率。因此,就产生了互替形式、互补形式以及混合形式等多种类型的机床配置方案。

(1) 互替机床　它是指纳入系统的机床是可以相互代替的。例如,数台加工中心组成的柔性制造系统,由于在加工中心可以完成零件多种工序的加工,有时一台加工中心就能完成工件的全部加工工序,工件可随机地输送到系统中任何恰好空闲的加工工位。系统又有较大的柔性和较宽的工艺范围,而且可以达到较高的时间利用率。从系统的输入和输出角度来看,它们是并联环节,因而增加了系统的可靠性,即当某一台机床发生故障时,其他机床及系统仍能正常工作。但是,这种系统中的机床具有冗余度。

(2) 互补机床　它是指纳入系统的机床是互相补充的,各自完成某些特定的工序,各机床之间不能相互替代,工件在一定程度上必须按顺序经过各加工工位。它的特点是生产率较高,对机床的技术利用率较高,即可以充分发挥机床的性能。从系统的输入和输出角度来看,互补机床是串联环节,它降低了系统的可靠性,当某一台机床发生故障时,系统就不能正常工作。

表 2-1 所示为互替机床和互补机床的主要特征比较。

表 2-1　互替机床和互补机床的主要特征比较

特　征	互 替 机 床	互 补 机 床
简图	输入→[机床1/机床2/⋮/机床n]→输出	输入→机床1→机床2→机床3…机床n→输出
柔性	较高	较低
工艺范围	较宽	较窄
时间利用率	较高	较低
技术利用率	较低	较高
生产率	较低	较高
价格	较高	较低
系统可靠性	增加	减少

(3) 混合形式　现有的柔性制造系统大多是互替机床和互补机床的混合使用,即 FMS 中的有些设备按互替形式布置,而另外一些机床则以互补方式排列,以发挥各自的优点。

尽管实际生产中存在上述几种 FMS 机床配置形式，但是在某些情况下个别机床的负荷率很低，例如基面加工机床（对铸件通常是用铣床加工，对回转体通常是用车床车端面、钻中心孔等）所采用的切削量较大、加工内容简单、单件加工时间短，加上基面加工和后续工序之间往往要更换夹具，要实现自动化也有一定困难。因此，常将这种机床放在柔性系统外，作为前置工区，由人工操作。当某些工序加工要求较高或实现自动化还有一定的困难时，也可采用类似方法，如精镗加工工序、检验工序、清洗工序等可作为后置工区，也由人工操作完成。

2.2 FMS 的自动化加工设备

2.2.1 数控机床的特点

数控机床是一种由数字信号控制其工作过程的自动化机床。现代数控机床一般采用计算机控制，即 CNC 控制，它是实现柔性制造的基本加工设备，主要包括数控车床、数控铣床、数控钻床、数控镗铣床和加工中心等。它们的特点，尤其是加工中心对组成柔性制造系统、实现自动化加工是非常重要的装备。数控机床的特点主要体现在以下几个方面。

(1) 柔性高　数控机床按照数控程序加工零件，当加工零件改变时，一般只需要更换数控程序和配备所需的刀具，不需要靠模和样板等专用工艺设备。数控机床可以很快地从加工一种零件转变为加工另一种零件，生产准备周期短，适合于多品种小批量生产。

(2) 自动化程度高　数控程序是数控机床加工零件所需的几何信息和工艺信息的集合。几何信息有走刀路径、插补参数、刀具长度补偿值、半径补偿值；工艺信息有刀具类型、主轴转速、切削深度、进给速度、冷却液开/关等。在切削加工过程中，根据数控程序自动实现刀具和工件的相对运动，自动变换切削速度和进给速度，自动开/关切削液，自动转位换刀或通过机械手自动交换刀具。操作者的任务是装卸工件、调整刀具、必要的手动换刀、操作按键、监视加工过程等。

(3) 加工精度高　现代数控机床装备有 CNC 数控装置和新型伺服系统，具有很高的控制精度，普通数控机床可达到 $0.1~\mu m$，高精度数控机床可达到 $0.01~\mu m$。数控机床的进给伺服系统可采用闭环或半闭环控制，可对反向间隙和丝杠螺距误差以及刀具磨损进行补偿，因而数控机床能达到较高的加工精度。数控机床的传动系统和机床结构都具有很高的刚度和稳定性，制造精度也比普通机床的高。当数控机床有 3~5 轴联动功能时，可加工各种复杂曲面，并能获得较高精度。由于按照数控程序自动加工，避免了人为的操作误差，因而同一批加工零件的尺寸一致性好，加工质量稳定。

(4) 生产效率高　数控机床加工的机动时间和辅助时间比普通机床明显减少。数控机床主轴转速范围和进给速度范围比普通机床大，主轴转速范围通常为 10~6000 r/min，高速切削加工时可达 20000 r/min，进给速度范围上限可达到 10~12 m/min，高速切削加工进给速度甚至超过 30 m/min，快速移动速度超过 30~60 m/min。主运动和进给运动一般为无级变速，每道工序都能选用最优的切削用量，空行程时间明显减少。数控机床的主轴电动机和进给驱动电动机的驱动能力比同规格的普通机床大，机床的结构刚度高，有的数控机床能进行强力切削，可有效地减少机动时间。

(5) 具有刀具寿命管理功能　构成 FMC 和 FMS 的数控机床具有刀具寿命管理功能，可对每把刀的切削时间进行统计，当达到给定的刀具耐用度时，自动换下磨损刀具，并换上备用刀具。

（6）具有通信功能　现代 CNC 数控机床一般都具有通信接口，可以实现上层计算机与 CNC 之间的通信，也可以实现几台 CNC 之间的数据通信，同时还可以直接对几台 CNC 进行控制。

2.2.2　车削中心(TC)

对于常用的数控车床，一般具有如下运动功能：主轴的旋转运动（C 轴），转塔刀架的纵向和横向运动（Z 轴和 X 轴），尾架的纵向运动（Z 轴）。当给数控车床附加自动换刀装置后，它便具有复合加工的功能，构成了车削中心(turning center，TC)。

车削中心比数控车床工艺范围宽，工件一次安装几乎能完成所有表面的加工，如内外圆表面、端面、沟槽、内外圆及端面上的螺旋槽、非回转轴心线上的轴向孔、径向孔等。

车削中心按其主轴的方向是水平或垂直分为卧式和立式两大类。目前实际使用中的 TC 种类并不多，这是由于 X、Z、C 轴的配置几乎是固定。卧式 TC 一般按下述三条原则来进行分类。

（1）有无 Y 轴功能。

（2）实现 X 轴和 Z 轴运动功能的方法，即把这些功能分配给主轴或大拖板（转塔刀架）的方法。

（3）有无转台或回转立柱的结构和自动换刀装置(automatic tool changer，ATC)。

例如：卧式车削中心分为二轴控制式和四轴控制式；三轴控制式又分为主轴固定式和移动式；四轴控制式分为主轴移动式和刀头移动式等。

三轴的 TC 机床在结构上还附加了主轴的固定和分度功能，在转塔刀架上装有旋转刀具。这样一来，工件固定在一定位置上可进行外平面加工和径向孔加工等复合加工，从而增加了 TC 机床的柔性复合加工功能。

四轴 TC 的运动功能是在二轴 TC 运动功能上增加转塔刀架或主轴头上下（Y 轴）运动的功能，如图 2-1 所示，由于增加了一个运动轴，使加工的零件更多样化。

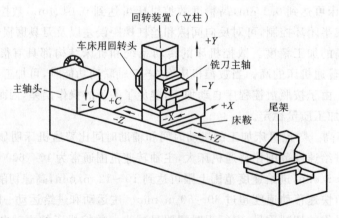

图 2-1　四轴控制加工用 TC

图 2-2 所示为一种车削中心的简图，图中 3 是转塔刀架，轮毂式刀库 5 位于机床右侧，其回转定位通过交流伺服电动机和一个蜗杆副来实现。刀库可容纳 60 把刀具，换刀机械手 4 用于转塔刀架 3 和轮毂式刀库 5 之间刀具的交换。刀具机械手的移动由交流伺服电动机驱动，

刀具的夹紧和松开则由液压系统控制。这种换刀装置机构比较复杂但柔性程度较高,刀库容量可扩展,并可与刀具监控系统连接,在刀具磨损、破损后自动换刀。

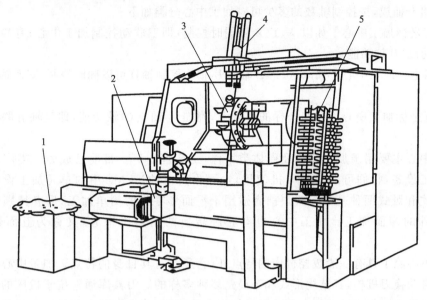

图 2-2 车削中心
1—零件库;2—上下料机械手;3—转塔刀架;4—换刀机械手;5—轮毂式刀库

车削中心回转刀架上可安装如钻头、铣刀、铰刀、丝锥等回转刀具,它们由单独的电动机驱动,也称自动驱动刀具。在车削中心上用自驱动刀具对工件的加工分为两种情况:一种是主轴分度定位后,对工件进行钻、铣、攻螺纹等加工;另一种是主轴运动作为一个控制轴(C 轴),C 轴运动和 X、Z 轴运动合成为进给运动,即三坐标联动,铣刀在工件表面上铣削各种形式的沟槽、凸台、平面等。在很多情况下,工件无须专门安排一道工序单独进行钻、铣加工,消除了二次安装引起的同轴度误差,缩短了加工周期。

车削中心回转刀架通常可以装 12~16 把刀具,这对要求较高的柔性加工来说,刀具数量是不够的。因此,在车削中心上装备有刀具库,刀具库有筒形或链形,刀具更换和存储系统位于机床一侧,刀库和刀架间的刀具交换由机械手或专门换刀机构完成。

车削中心主轴采用可快捷更换的卡盘和卡爪,普通卡爪的更换时间需要 20~30 min,而快速更换卡盘、卡爪的更换时间可控制在 2 min 以内。卡盘有 3~5 套快速更换卡爪,以适应不同直径的工件。如果工件直径变化很大,则需要更换卡盘。有时也采用人工在机床外部用卡盘夹持好工件,用夹持有新工件的卡盘更换已加工的工件卡盘,工件-卡盘系统更换常采用自动更换装置。由于工件装卸在机床外部,实现了辅助时间和机动时间的重合,因此几乎没有停机时间。

现代车削中心工艺范围宽,加工柔性高,人工介入少,加工精度、生产效率和机床利用率都很高。

2.2.3 加工中心(MC)

数控加工中心(machining center,MC)是带有刀库和自动换刀装置的多工序集中加工的数控机床。由于工件在一次装夹后,能对两个以上的表面完成铣、镗、钻、铰等多种工序的加工,并且具有多种换刀或选刀功能,从而使生产效率和自动化程度大大提高。这类加工中心一般是在铣、镗床的基础上发展起来的,因此也称为镗铣类加工中心。为了加工出零件所需的形状,加工中心至少有3个方向运动的坐标轴,即直线运动坐标轴 X、Y、Z 轴和转动坐标轴 A、B、C 适当组合而成,按控制轴数的多少可对加工中心分类如下。

(1) 三坐标加工中心　如以 X、Y、Z 轴同时控制,即三联动控制加工中心,有些也具有工作台分度功能(B 轴功能)。

(2) 四坐标加工中心　如以 X、Y、Z 轴和 B 轴为控制轴且可以同时控制,即四轴四联动控制加工中心。

(3) 五坐标加工中心　在四坐标的基础上,附加 A 轴或 C 轴功能,即五轴五联动控制加工中心。

加工中心主要用于加工箱体及壳体类零件,工艺范围广。目前已成为一类广泛应用的自动化加工设备,它们可以作为单机使用,也可作为 FMC、FMS 中的单元加工设备。加工中心有立式和卧式两种基本形式。前者适用于平面形零件的简单加工,后者特别适合于大型箱体零件的多面加工。加工中心也有立卧转换两用加工中心(又称为五面体加工中心)等。

加工中心除了具有一般数控机床的特点外,它还具有其自身的特点。加工中心必须具有刀具库及自动换刀机构,其结构形式和布局是多种多样的。刀具库通常位于机床的侧面或顶部。刀具库远离工作主轴的优点是较少受切削液的污染,使操作者在调换库中刀具时免受伤害。FMC 和 FMS 中的加工中心通常需要大量刀具,除了满足不同零件的加工外,还需要后备刀具,以实现在加工过程中实时更换破损刀具和磨损刀具,因而要求刀库的容量较大。换刀机械手有单臂机械手和双臂机械手,180°布置的双臂机械手应用最为普遍。加工中心刀具的存取方式有顺序方式和随机方式,刀具随机存取是最主要的方式。随机存取就是在任何时刻可以取用刀库中的任一把刀,选刀次序是任意的,可以多次选取同一把刀,从主轴卸下的刀具允许放在不同于先前所在的刀座上,CNC 系统可以记忆刀具所在的位置。采用顺序存取方式时,刀具严格按数控程序调用刀具的次序排列。程序开始时,刀具按照排列次序一把接着一把取用,用过的刀具仍放回原刀座上,以保持确定的顺序不变。所以正确、安全地装卸刀具是数控加工程序正常运行的基本条件。

加工中心的变换工作台和托盘交换装置配合使用,实现了工件的自动更换,从而缩短了消耗在更换工序上的辅助时间。图 2-3 为美国 White Sundstrand 公司生产的 OMNIMIL80 系列加工中心的外形,是经典的适应柔性制造系统需要的加工中心机床。它是按照模块化原理设计的,机床有主轴头、换刀机构和刀库、立柱(Y 轴坐标)、立柱底座(Z 轴坐标)、工作台、工作台底座(X 轴坐标)等部件组成。其模块化组合原理如图 2-4 所示。

图 2-5 所示为一带回转式托盘库的卧式加工中心,用于加工棱体零件。刀库容量为 70 把刀,采用双机械手,配有 8 工位自动交换的回转式托盘库,托盘库台面支撑在圆柱环形导轨上,由内侧的环链拖动而回转,链轮由电动机驱动。托盘的选择和定位由可编程控制器控制,托盘库具有正反向回转、随机选择及跳跃分度功能。托盘的交换由设在台面中央的液压推拉机构实现。托盘库旁设有工作装卸工位,机床的两侧设有自动排屑装置。

图 2-6 所示为一加工回转体零件为主的柔性制造单元。其中包括一台数控车床,一台加工中心,两台运输小车。运输小车用于装卸工位 3、数控车床 1 和加工中心 2 之间的工件传送,龙门式机械手 4 用来为数控机床装卸工件和更换刀具,机器人 5 进行加工中心刀库和机外刀库 6 之间的刀具交换。控制系统由机床数控装置 7、龙门式机械手控制器 8、运输小车 13 和

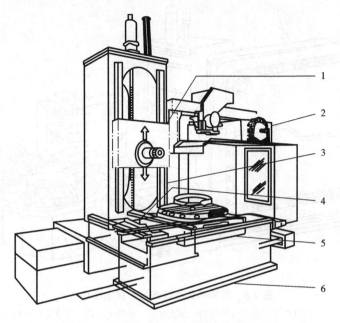

图 2-3 OMNIMIL80 系列加工中心的外形

1—主轴头;2—换刀机构和刀库;3—立柱(Y 轴坐标);4—立柱底座(Z 轴坐标);5—工作台;6—工作台底座(X 轴坐标)

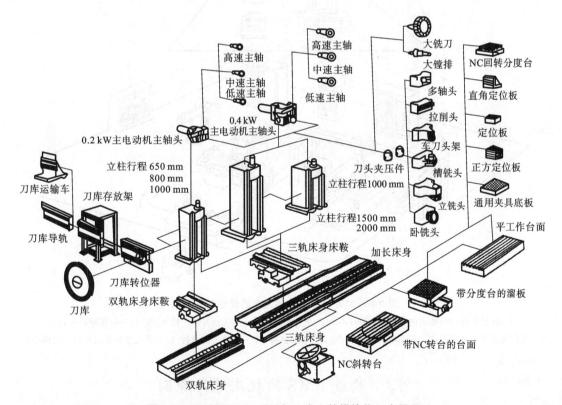

图 2-4 OMNIMIL80 系列加工中心的模块化组合原理

14 的小车控制器 9、加工中心控制器 10、机器人控制器 11 和单元控制器 12 组成。单元控制器负责对单元设备之间的控制、调度、信息交换的监视。

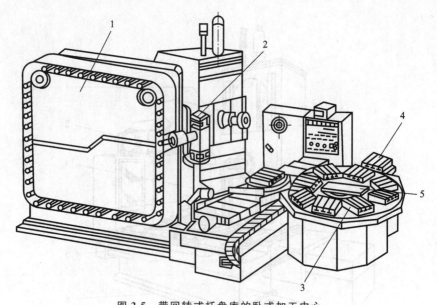

图 2-5 带回转式托盘库的卧式加工中心
1—刀具库；2—换刀机械手；3—托盘库；4—装卸工位；5—托盘交换机构

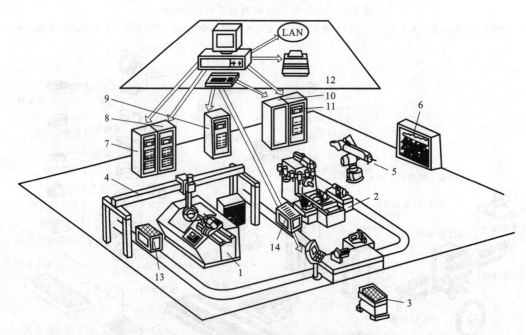

图 2-6 加工回转体零件为主的柔性制造单元
1—数控车床；2—加工中心；3—装卸工位；4—龙门式机械手；5—机器人；6—机外刀库；7—机床数控装置；
8—龙门式机械手控制器；9—小车控制器；10—加工中心控制器；11—机器人控制器；12—单元控制器；13,14—运输小车

2.3 构成 FMS 的机床选择原则

FMS 中的数控机床类型、数量、规格既由被加工零件的类型、尺寸范围和批量来决定，也取决于设备的可靠性、加工效率和自动化程度。因此，在选择时要考虑到该 FMS 加工零件的尺寸范围、经济效益、零件的工艺性、加工精度和材料等。一般有以单一数控机床类型构成的

FMS；以数控机床、加工中心为结构要素的 FMS；以普通数控机床、加工中心及其他专用数控设备构成的 FMS。这里主要阐述一下构成 FMS 的加工中心和车削中心的选择原则。

2.3.1 加工中心的选择原则

根据加工中心的结构特点，在组成加工箱体类零件的 FMS 的选择原则如下。

(1) 加工中心类型的选择　实际生产中的每台加工中心都有一定的规格、一定的功能和最佳的使用范围。例如，卧式加工中心最适合于多面加工、多次更换夹具和工艺基准的零件，如菱形箱体、泵体、阀体和壳体等。立式加工中心则适合于装夹次数较少的零件，如箱体盖、盖板、壳体、平面凸轮等单面加工的板类零件。然而规格相近的（这里指机床工作台宽度）卧式加工中心要比立式加工中心的价格高 50%～100%，并且前者比后者的加工工时也要多 50%～100%。因此，完成同样的工艺内容，采用立式加工中心就比较经济，但卧式加工中心的加工工艺范围比较宽。

(2) 加工中心规格的选择　按照 FMS 加工零件族来选择机床的规格，首先要考虑的是工作台尺寸、坐标轴数及其行程大小。

对于机床工作台尺寸、坐标轴数和行程大小的选择，一般要根据典型零件的尺寸来确定。例如，零件尺寸为 450 mm×450 mm×450 mm 的箱体，就要选取工作台尺寸略大于 500 mm×500 mm 的加工中心，这样便于安装夹具和工件。加工中心的工作台面尺寸与 X、Y、Z 三个坐标行程有一定的比例，如工作台尺寸为 500 mm×500 mm，则 X、Y、Z 坐标轴的行程大小依次为 700～800 mm、550～700 mm、500～600 mm。若工件尺寸大于坐标轴行程，则零件加工部位必须在坐标轴行程以内。当需要加工中心配置回转坐标轴和特殊要求时，可选择具有坐标 A、B、C 回转轴中之一或二的加工中心，也可以选择带附加坐标 U、V、W 轴的加工中心。

其次要考虑主轴电动机的功率。主轴电动机的功率代表了机床的切削效率和切削刚度。对于加工中心，一般都要配置功率较大的直流或交流调速电动机，调速范围宽，可以满足高速切削的要求。若采用低速切削，由于输出功率小，转矩受到限制，因此，主轴箱需要增加一对减速齿轮来提高转矩。当加工大直径、大余量的工件时，必须对低速切削时的转矩进行校核，否则必须将镗孔工艺改为立铣刀的铣孔工艺。

(3) 加工中心精度的选择　根据 FMS 加工零件族中零件关键部位的加工精度来选择加工中心的精度等级。

数控机床的精度项目很多，表 2-2 所示列出了其中的主要项目。机床定位精度与重复定位精度反映了各坐标轴运动部件的综合精度。重复定位精度反映了机床控制轴在行程内任意定位点的定位稳定性。因此要认真选择机床各坐标轴的螺距补偿功能和间隙补偿功能。螺距补偿功能是根据每个控制轴的丝杠螺距累积误差来补偿的；而进给传动链的反向死区误差可用反向间隙补偿功能来补偿。所以，重复定位精度是数控坐标轴工作精度的最基本指标，选择机床时要特别注意。机床的定位精度是指某一坐标轴任意点的定位误差，它反映了在控制系统控制下的伺服执行机构的运动精度。定位精度基本反映了零件的加工精度。一般来说，加工两个孔的孔距误差是定位误差的 1.5～2 倍（具体误差值与机床工艺系统的因素有关）。因此普通型加工中心可以批量加工出 8 级精度零件，精密型加工中心可以批量加工出 6～7 级精度零件。在加工中等精度的工件时，一些大孔径、圆柱面和大圆弧可以采用高切削性能的立铣刀铣削，这时应关注铣圆精度（圆度），因为它是综合评价数控机床有关数控轴的伺服跟随运动特性和数控系统插补功能的主要指标之一。

表 2-2 机床精度主要项目

精度项目	普通型	精密型
单轴定位精度/mm	±0.01/300 或全长	±0.005/全长
单轴重复定位精度/mm	±0.006 中心	±0.006
铣圆圆度/mm	0.03～0.04	0.02

(4) 自动换刀装置的选择　自动换刀装置是加工中心进行多工序集中加工的基本条件。它的任务是在每个工序变换前,做好换刀准备并换刀。所以,它的工作质量与整机质量直接有关。自动换刀装置的投资占整机的30%～50%。据统计,在加工中心使用过程中,约有50%的故障发生在自动换刀系统中。因此,自动换刀装置的刀库容量、换刀时间和故障率是用户非常关心的问题。选择时,要在满足使用要求的前提下,尽量选用结构简单、可靠性高的装置。刀库容量的选择取决于复杂零件一次或二次装夹加工所需的刀具数量。机载刀库容量一般在10～40、60、80、100、120把等多种规格。一般来说,对于立式加工中心,刀库容量在20把左右,而卧式加工中心的刀库容量则在40把左右,当然也可根据具体加工工艺情况选择刀库容量。

还有就是刀库和换刀机械手结构形式的选择,可根据具体条件来选择。通常,无机械手刀库的结构简单,换刀精度高,动作可靠。但是这种换刀方式的换刀动作是在刀具取回刀库后才能进行,于是影响机床使用效率。因此,应尽量选用刚性较好的对称式双臂机械手结构形式,以提高换刀和加工效率。

(5) 数控系统功能选择及附件选择　加工中心的数控系统直接关系到机床整体效益的发挥。每种数控系统都备用许多功能,除了标准配置功能外,如随机编程图形显示、人机对话、故障诊断和一些循环功能等,每增加一项,机床的价格就要增加几千到几万元。因此在选择上述功能时,必须从FMS构成环境中全面、综合考虑,以免造成不必要的浪费。

此外,机床的某些附件也是必须选择的,如机床的冷却液防护装置、排屑装置、主轴油温控制装置等,采用这些装置,会使得加工性能优良,零件加工质量稳定,机床寿命延长。

2.3.2　车削中心的选择原则

选择车削中心时,应综合考虑下述各项原则。

(1) 首先要做好购置设备的前期准备工作　确定典型零件的工艺要求、加工工件的批量,拟定车削中心应具备的功能。

(2) 满足典型零件的工艺要求　典型零件的工艺要求主要是零件的结构尺寸、加工范围和精度要求,根据结构尺寸,即工件的长度、直径及质量等选择机床的规格,包括加工范围及主电动机功率和切削扭矩等,并留有一定余地。根据精度要求,以及工件的尺寸精度、定位精度和表面粗糙度的要求来选择机床的控制精度。同时根据零件结构特性,选择机床的控制方式,如点位、直线、轮廓加工和两轴联动、三轴联动等。

(3) 根据可靠性选择　可靠性是提高产品质量和生产率的保证,数控机床的可靠性是指机床在规定条件下执行其功能时,长时间稳定运行而不出现故障,也即平均无故障时间长,即使出了故障,短时间内也能恢复,并重新投入使用。所以应选择那些结构合理、制造精良、并已批量生产的数控机床。

(4) 根据机床附件及刀具因素选择　机床的随机附件、备件、刀具及其供应能力,对已投产的车削中心来说是十分重要的。例如,高速动力卡盘、多工位转塔刀架、接触式测量头、各种刀片,等等。选择时,均需要仔细考虑刀具和附件的配套性能,否则会影响机床的正常运行。

(5) 根据性价比来选择　选择机床时应该紧紧围绕 FMS 对车削中心的要求,尽可能做到功能、精度不闲置、不浪费,特别是现在的车削中心自动化功能越来越多,如刀具的监控和检测、在线工件自动测量等,不要选择与需要无关的功能。一般来说,机床功能越多,价格就越高,维护维修也越困难并且成本高。

(6) 考虑控制系统的同一性及机床的防护　当购置多台机床时,应尽量选购同一厂商的产品,而且至少应选择同一品牌的控制系统,这样将给以后的维修或更换器件带来极大方便。另外,车削中心的切削速度很高,需要配备全封闭或者半封闭的防护装置,应有自动排屑器,以保证生产的安全和工作环境的清洁。

上述是构成以回转类零件加工的 FMS 车削中心的一般选择原则。如有特殊要求,可以另作讨论,谨慎选择。

思考题与习题

1. 柔性加工设备是否一定比刚性自动化设备好?为什么?
2. FMS 对数控机床、加工中心和车削中心有哪些具体要求?
3. 试对柔性制造系统与刚性自动线的组成、加工特点和生产效率进行比较。
4. 与普通机床相比较,加工中心在结构上有哪些特点?车削中心和加工中心在加工方式上有什么不同之处?
5. CNC 机床在现代制造技术中的地位和作用如何?
6. DNC 系统与 FMS 系统两者有何不同之处?其根本区别是什么?
7. 加工中心和一般 CNC 机床的最根本的区别是什么?
8. 加工中心的哪些功能对 FMS 的设计与运行有重要影响?请简要说明。
9. 构成 FMS 时,如何选择加工(或车削)中心?

第 3 章　FMS 的物流系统

3.1　物流系统的功能和组成

伴随着制造过程的进行,柔性制造系统中的物流系统主要包括三个方面:原材料、半成品、成品所构成的工件流;刀具、夹具所构成的工具流;托盘、辅助材料、备件等所构成的配套流。其中最主要的是工件、刀具等的流动。物流系统是加工系统中各工作站之间连接的纽带,用于保证柔性制造系统正常、有效地运行。

物流系统是柔性制造系统的重要子系统,它是对物料(毛坯、半成品、成品及工具等)进行存储、输送和分配的计算机控制和管理系统。一个工件由毛坯到成品的整个生产过程中,只有相当小部分的时间是用在机床切削加工上的,而大部分时间用于物料的传递过程中。FMS 中的物流系统与传统的自动线和流水线有很大的差别,它的工件输送系统不按固定节拍强迫运送工件,而且也没有固定的顺序,甚至是几种工件混杂在一起输送的。也就是说,整个工件输送系统的工作状态是可以进行随机调度的,并均设置有储料库以调节各工位上加工时间的差异。统计资料表明:在柔性制造系统中,物料的传输时间占整个生产时间的 80% 左右,物料传输与存储费用占整个零部件加工费用的 30%~40%,由此可见,物流系统的自动化水平和性能将直接影响柔性制造系统的自动化水平和性能。

3.1.1　物流系统的功能

在柔性制造系统中,物流系统主要完成两种不同的工作:一是工件毛坯、原材料、工具和配套件等由外界搬运进系统,以及将加工好的成品及换下的工具从系统中搬走;二是工件、工具和配套件等在系统内部的搬运和存储。在一般情况下前者是需要人工干预的,而后者可以在计算机的统一管理和控制下自动完成。因此,物流系统主要完成物料的存储、输送、装卸、管理等功能。

(1) 存储功能　在柔性制造系统中,在制工件中有相当数量的工件处于非切削加工、非处理的等待状态,这些处于等待状态的毛坯、半成品以及成品组件均需要进行存储或缓存,这就是物流系统的储存功能。

(2) 输送功能　根据上级计算机的指令和下级设备(如加工中心、自动仓库、缓冲站、三坐标测量机等)的反馈信息,自动将物料通过输送设备准确适时地送到指定位置,完成物料在工作站间的流动,以实现各种加工顺序和要求。

(3) 装卸功能　物流系统必须为柔性制造系统提供装卸装置,一方面完成工件在托盘上的装卸,另一方面是实现输送装置与加工设备之间的连接。

(4) 管理功能　物料在柔性制造系统中不断流动,从存储等待位置送到加工位置,从一个加工位置送到另一个加工位置,物料不断加工,其性质(包括毛坯成为半成品、成品)和数量(毛坯数量、成品数量、废品数量等)都在输送过程中不断有变化,这就需要对物料进行有效的识别和管理。

3.1.2 物流系统的组成

物流系统按其物料不同,可分为工件流支持系统和刀具流支持系统。工件流支持系统主要完成工件、夹具、托盘辅料及配件等在各个加工工位间及各个辅助工位间的输送,完成工件向加工设备间的输送与位置交换。刀具流支持系统主要完成适时地向加工单元提供加工所需的刀具,取走已用过及耐用度耗尽的刀具。

物流系统的组成框图如图 3-1 所示。工件流支持系统是由自动化仓库、工件装卸工作站、工件输送装置、随行托盘缓冲站等组成。刀具流支持系统由刀具库、刀具组装站、刀具预调站及刀具输送装置等组成。

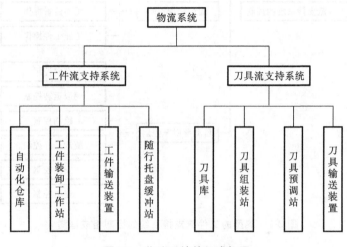

图 3-1 物流系统的组成框图

3.2 工件流支持系统

3.2.1 工件流支持系统的构成

为使柔性制造系统中的各台加工设备都能连续地工作,工件流支持系统内一般装有较多工件并循环连续流动,当某台机床加工完毕后,工件(随同托盘)自动送入输送系统,缓冲工位排队等待加工的工件自动送入加工工位,并从输送系统中选择另一适合该机床加工的工件输入缓冲工位。加工完了的成品进入装卸工位进行拆装并送入自动仓库存储。半成品则继续留在输送系统内,等待选择机床进行加工。因此,工件及其夹具在柔性制造系统中的流动是输送和存储两种功能的有机结合。除了设置适当的中央料库和托盘库外,为了不致阻塞工件向其他工位的输送,输送线路中可设置若干个侧回路或多个交叉点的并行料库,以便暂时存放故障工位上的工件。如果物料系统中随行托盘的输送彼此互不超越时,也可以使输送小车或随行托盘作循环运行而不必另设特殊的缓冲区。

从上述工件流支持系统的工作过程中可以看出,为了使柔性制造系统正常工作,工件流支持系统一般由自动化仓库、工件装卸工作站、工件输送装置以及随行托盘缓冲站四个部分组成。为实现物流系统功能必须对其各组成部分实施自动控制,包括自动化仓库、随行托盘和自动导引车控制,具体如图 3-2 所示,即一种典型的工件流支持系统的控制组成框图。

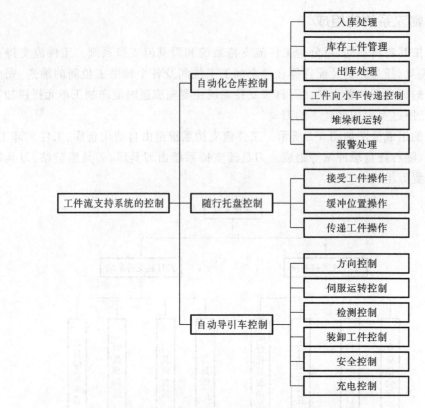

图 3-2 典型的工件流支持系统的控制组成框图

3.2.2 工件的装夹及夹具系统

1. 工件的装夹

工件在输送到 FMS 中进行加工前,必须装夹在托盘夹具上。由于在柔性制造系统中的加工设备主要是数控机床,被加工工件的结构要素的位置尺寸是由机床自动获取、确定并保证切削过程安全地进行,因此需要夹具把工件精确地载入机床坐标系中,保证工件在机床坐标系中位置的已知性。在这种生产方式下,被加工工件多数只需一次装夹,就可连续地对其各待加工表面自动完成钻、扩、铰、铣、镗等粗、精加工。为此在制定柔性制造系统中工件的加工工艺方案时要尽量考虑"工序集中"的原则,其优点如下所述。

(1) 可减少工件的装夹次数,消除多次装夹的定位误差,提高加工精度。特别是当工件各加工部位的位置精度要求较高时,采用柔性制造系统工艺方案加工能在一次装夹中将各个部位加工出来,避免了工件多次装夹所带来的定位误差,既有利于保证各加工部位位置精度的要求,又可减少装卸工件的辅助时间,节省了大量的专用和通用工艺装备,极大地降低了生产成本。

(2) 工件加工工序的集中,必然要使用各种各样的刀具,特别是在柔性制造系统中的卧式加工中心上,要对工件四周进行加工,因此机床上工件安装区域周围的大部分空间都被切削刀具的运动轨迹所占去,而固定工件所需的夹具等的安装空间就减小很多。工件的夹具既要能适应粗加工时切削力大、刚度高、夹紧力大的要求,又要适应精加工时定位精度高、工件夹紧变形尽可能小的要求。

工件在装夹定位时应按六点定位原则进行。在选择定位基准时,也要全面考虑各个工位加工情况,要求满足以下三个准则。

(1) 所选基准应能保证工件定位准确、装卸方便,能迅速完成工件的定位和夹紧,夹紧可靠,且夹具结构简单。

(2) 所选定的基准应尽量符合基准重合原则,以减少尺寸链换算,减少定位误差。

(3) 保证各项加工精度。夹紧力应尽量靠近主要支承点上,垂直作用在定位面内,并尽量靠近切削部位及刚度高的地方。同时,考虑各个夹紧部件不要与加工部位和所用刀具发生干涉。

夹具在机床上的安装误差和工件在夹具中的定位对加工精度将产生直接影响。因此,操作者在装夹工件时一定要按工艺文件上的要求找正定位面,并将污物擦干净,夹具必须保证最小的夹紧变形。

柔性制造系统中加工中心的刀具为悬臂式,在加工过程中又不能设置镜模、支架等,因此,进行多工位工件的加工时,应综合计算各工位的各加工表面到机床主轴端面的距离以选择最佳的刀具长度,提高工艺系统的刚度,从而保证加工精度。

2. 夹具系统

在 FMS 的物料运行过程中,工件要经历存储、输送、操作、加工等多道工序。加工对象一般为多品种小批量的工件,采用专用夹具势必造成生产准备周期长、工件成本提高以及存储、维修和管理等费用的增加。因此,在柔性制造系统中多采用组合夹具、可调整夹具、数控夹具和托盘的装夹方式,可以从几个面让刀具接近零件进行加工。还有可装夹两个或更多零件的大型夹具,这种夹具有利于缩短刀具的更换时间和传送零件的非生产时间。

(1) 组合夹具　组合夹具由不同形状和尺寸的元件组成,可根据加工需要拼装成各种不同的夹具,加工任务完成后又可重新拆成单独元件重新使用。由于组合夹具元件是专业化生产,可在市场上选购元件,无须自行设计和制造,且能满足各种加工需求,使得生产准备周期缩短,便于存储保管。

(2) 可调整夹具　可调整夹具能有效地克服组合夹具的不足,既能满足加工精度,又具有一定柔性。可调整夹具与组合夹具有很大的相似之处,所不同的是它具有一系列整体刚度高的夹具体,在夹具体上,设置有可定位、夹压等多功能的 T 形槽及台阶式光孔、螺孔,配置有多种夹紧、定位元件,可通过调整夹具元件实现快速调整。可调整夹具刚度高,能较好地保证加工精度。

(3) 数控夹具　数控夹具应能实现夹具元件的选择和拼装以及工件安装定位和夹紧等过程的自动化,其定位、支承、夹压元件应能适应工件的各种具体情况。在"工件装夹程序"中存有夹具构件调整所需的数据、行程指令及实现工件装夹控制功能的指令,可按工件调用工件装夹程序,实现自动调整变换。

(4) 托盘　在 FMS 中,为了尽可能少搬动工件,常将工件安装在夹具上,而夹具安装在托盘上,这样,工件和定位夹具系统能够通过输送设备(如自动导引车或输送机)准确地在加工系统中自动定位,托盘就是实现工件和夹具系统与输送设备和加工设备之间连接的工艺装备。托盘的样式很多,它是工件和机床间的接口。

机械加工领域所应用的托盘按其结构形式可分为箱式和板式两种。图 3-3 所示为箱式托盘,板式托盘可参看图 3-4 和图 3-5。

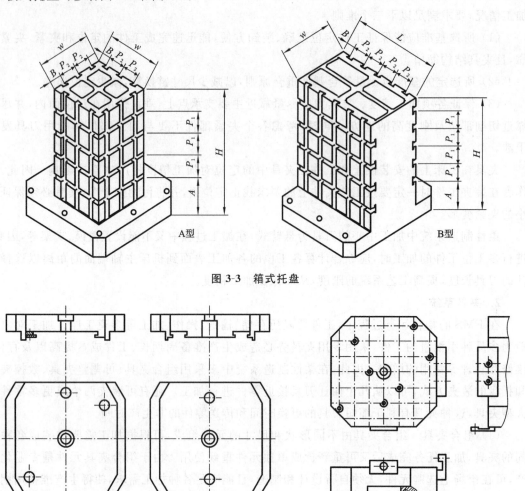

图 3-3 箱式托盘

图 3-4 板式托盘 1　　　　图 3-5 板式托盘 2

箱式托盘不进入机床的工作空间,主要用于小型工件及回转体工件。其主要功能是储装,起输送和存储载体作用。为保证工件在箱式托盘中的位置和姿态,箱中设有保持架。为节约存储空间,箱式托盘采用多叠层堆放。

板式托盘主要用于非回转体类的较大型工件,工件在托盘上通常是单件安装,托盘不仅是工件的输送和存储载体,而且还需进入机床的工作空间,在加工过程中定位夹持工件,承受切削力、切削液、切屑、热变形、振动等的作用。其功能除输送、存储外,尚有保护、夹具携带、定位、承受切削力等作用。托盘的形状通常为正方形结构或长方形结构,根据具体需要可制成圆形或多边形。为安装储装构件,托盘的顶面应备有 T 型槽或矩阵螺孔(或配合孔)。托盘应具有输送基面及与机床工作台相连接的定位夹压基面,其输送基面在结构上应与系统的输送方式、操作方式相适应。对托盘尚有交换精度、形状精度、抗震性、切削力承受和传递、保护切削和防止切削液侵蚀等要求。

在柔性制造系统生产线上运行的托盘,伴随着工件在一次安装中不断地传输和加工,工件的性质(如毛坯、半成品、成品)在传输和加工的过程中不断变化。由于工件的表面不规则且需要加工,很难从工件上识别工件的性质,一般多采用托盘识别的方法来识别工件的性质。识别的方法有许多,如人工识别键盘输入、光符识别、磁字符识别、磁条识别、条形码识别以及采用CCD器件等机器识别。这些方法各有特点,其中条形码识别技术的优点是成本低,可靠性高,对环境要求不严格,抗干扰能力强,保密性好,速度快以及性能价格比高,因而被广泛应用于托盘识别场合。

3.2.3 工件的输送系统

FMS中的工件输送系统主要完成两种性质不同的工作:一是毛坯、原材料由外界搬运至系统以及将加工好的成品从系统中搬运走;二是零件在系统内部的搬运。目前,大多数工件送入系统中和在夹具上装夹工件仍由人工操作,系统中设置装卸工位,较重的工件可用各种起重设备或机器人搬运,零件在系统内部的搬运采用运输工具。

工件输送系统按运输工具的不同可分成四类:带式传送系统(传送带)、自动输送车(自动小车)、轨道传送系统和机器人传送系统。传送带主要是从古典的机械式自动线发展而来的,目前新设计的系统用得越来越少。自动小车的结构变化发展得很快,形式也是多种多样,大致上可分为无轨和有轨两大类。有轨小车有的采用地轨,也有的采用天轨或称高架轨道,即把运输小车吊在两条高架轨道上移动。无轨小车又因它们的导向方法不同而分为有向导向、磁性导向、激光导向和无线电遥控等多种形式。在FMS系统发展的初期,多采用有轨小车,随着FMS控制技术的成熟,采用自动导向的无轨小车越来越多。

由于搬运机器人工作的灵活性强,具有视觉和触觉能力,以及工作精度高等一系列优点,近年来在FMS中的应用越来越广。

常用的工件输送方式如图3-6所示。直线形输送主要用于顺序传送,输送工具是各种传送带或自动输送车,这种系统的储存容量很小,常需要另设储料库,一般适用于小型的柔性制

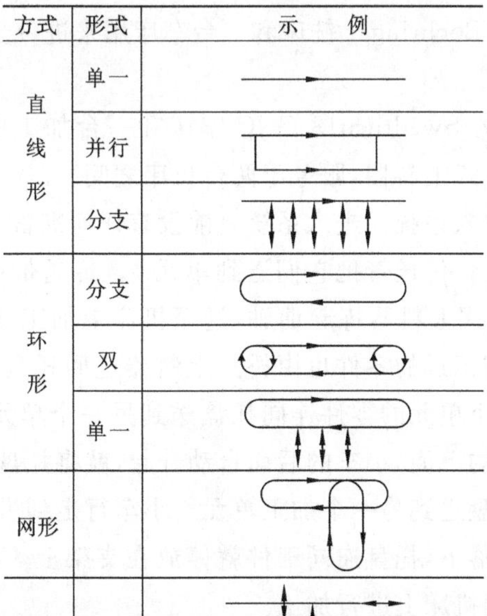

方式	形式	示 例
直线形	单一	
	并行	
	分支	
环形	分支	
	双	
	单一	
网形		
树形		

图3-6 柔性制造系统常用的工件输送方式

造系统。而环形输送时,机床布置在环形输送线的外侧或内侧,输送工具除各种类型的轨道传送带外,还可以是自动小车或架空轨悬空式输送装置,在输送线路中还设置若干支线作为储料和改变输送线路之用,使系统能具有较大的灵活性来实现随机输送。在环形输送系统中还有用许多随行夹具和托盘组成的连续供料系统,借助托盘上的编码器能自动识别地址以达到任意编排工件的传送顺序。为了将带有工件的托盘从输送线或自动小车送上机床,在机床前还必须设置穿梭式或回转式的托盘交换装置。输送系统柔性最大的是网形方式和树形方式,但它们的控制系统比较复杂。此外,在直线形、网形和树形的输送方式下因工件存储能力很小,一般要设置中央仓库或具有存储功能的缓冲站及装卸站,而环形方式因工件在线内存储能力较大,很少设置中央仓库。从投资角度来说,采用自动小车的网形和树形结构输送方式的投资相对较大。

在选择物料输送系统的工具和输送线路时,必须根据具体加工对象、工厂具体环境条件、系统的规模、输送系统的柔性、易控制性和投资等因素作出经济合理的选择。例如,箱体类零件较多采用环形或直线形轨迹传送系统或自动小车系统,而回转体类零件则较多采用机器人或(加)自动小车系统。采用感应线导向或光电导向的无轨自动小车虽具有占地面积小和使用灵活等优点,但控制线路复杂,难以确保高的定位精度,同时对车间的抗干扰设计要求和投资都较高。

图 3-7 所示的是一个用来加工两种不同类型曲轴的 FMS 平面布局示意图,所采用的是环形运输系统,有四个加工单元:即单元 1、单元 2、单元 3 和单元 4。

单元 1:包括一台 Schenck 平衡机和一台 Swedturn18 CNC 车床。平衡机用来确定毛坯的中心线,并打上记号。Swedturn18 CNC 车床用来粗加工法兰面和主轴颈表面。

单元 2:包括一台 VDF CNC 铣床和一台车床,用来铣削曲轴承截表面和车削平衡重块。

单元 3:包括一台 VDF Bochringer 铣床和一台车床用来进一步加工曲轴轴颈和两个孔口平面。

单元 4:包括一台精密的 Swedturn18 CNC 车床和一台加工中心,用来完成最后的精加工。在加工单元内还有一桥式上料器,服务于两台机床之间。

零件的毛坯由装卸站进入系统。进入系统之前没有任何准备工序。操作人员在装卸站使用吊车将毛坯装在传送带上。传送带把它们送到单元 1。传送带可装载 15 个曲轴,足够 1.5 h 加工的需要。单元 1 的桥式上料器拣起曲轴,送至机床上加工或放到托盘上等待加工。每个托盘可放置 5 个工件。加工过的零件也由桥式上料器送回托盘,等待运走。自动小车根据控制计算机的指令,可将一个单元的零件连同托盘送到另一个单元。托盘在单元内放在一个支架上,自动小车进入托盘的下面,小车的后面自动升起,就将托盘连同工件一起装到小车上。此后,就可以将工件连同托盘送到另一个加工单元。小车行走到另一单元后,停在安放托盘的支架下面,小车的后面自动落下,托盘连同工件就停放在支架上。再根据加工指令,由桥式上料器将托盘上的工件搬运到机床上进行加工。

如果工件在运输过程中发现正在送往的某个单元的托盘支架已被占用,就将托盘先送往托盘缓冲存储库,等该单元中的托盘支架空出后,再将存在缓冲存储库中的托盘取出,送往相应的单元中。缓冲存储库最多可存放 6 个托盘,这样共计有 30 根曲轴的容量。

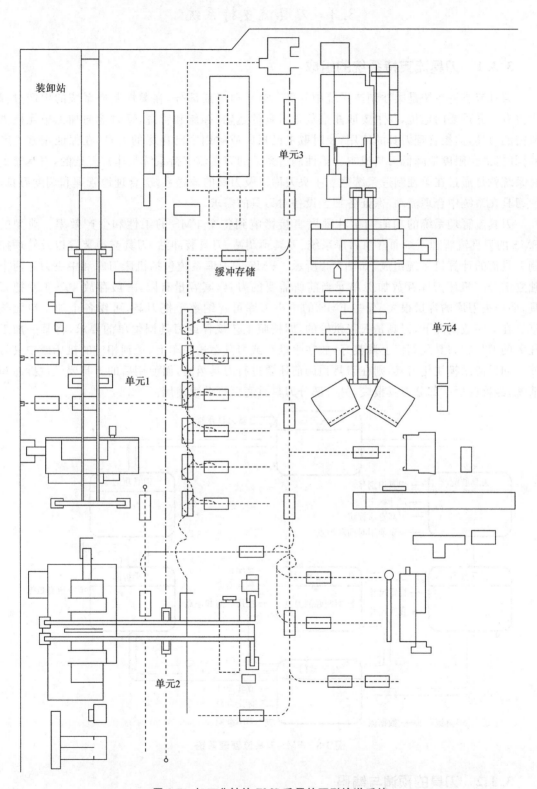

图 3-7 加工曲轴的 FMS 采用的环形输送系统

3.3 刀具流支持系统

3.3.1 刀具流支持系统的组成

刀具流支持系统是柔性制造系统中的又一个重要组成部分,在柔性制造系统的生产过程中占有十分重要的地位,其主要职能是负责刀具的运输、存储和管理,适时地向加工单元提供所需的刀具,监控管理刀具的使用,及时取走已报废或耐用度已耗尽的刀具,在保证正常生产的同时,最大限度地降低刀具成本。柔性制造系统的刀具流支持系统是非常复杂的,刀具流支持系统就是通过在柔性制造系统建立中央刀库以及刀具的输送系统,合理地管理和调度刀具,使刀具在系统中合理流动,保证各加工设备对刀具的需求。

刀具流管理系统的功能和柔性程度直接影响到整个 FMS 的柔性和生产效率。典型的 FMS 的刀具流管理系统通常由刀库系统、刀具预调站、刀具装卸站、刀具交换装置以及管理控制刀具流的计算机系统组成,如图 3-8 所示。FMS 的刀库系统包括机床刀库和中央刀库两个独立部分。机床刀库存放加工单元当前所需要的刀具,其容量有限,一般存放 40～120 把刀具,而中央刀库的容量很大,有些 FMS 的中央刀库可容纳数千把刀具,可供各个加工单元共享。在大多数情况下,刀具是人工供给的,即按照工艺规程或刀具调整单的要求,将某一加工任务的刀具在刀具预调仪上调整好,放在手推车或刀具运送小车上,送到相应的机床或中央刀库。如果使用模块化刀具,则在刀具预调前还要进行刀具组装,而使用后的刀具要经过拆卸和清洗,经检验后一部分刀具报废,另一部分刀具重磨后可继续使用。

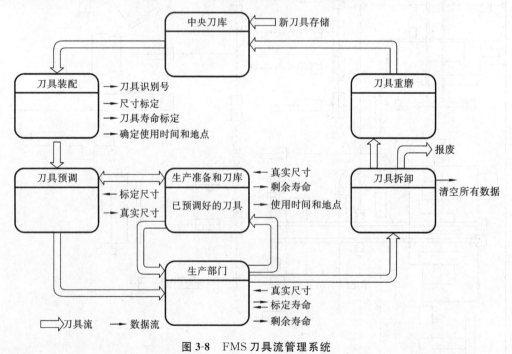

图 3-8 FMS 刀具流管理系统

3.3.2 刀具的预调与编码

柔性制造系统中广泛使用模块化结构的组合刀具,刀具组件有刀柄、刀夹、刀杆、刀片、紧固件等,这些组件都是标准件,如刀片有各种形式的不重磨刀片。组合刀具可以提高刀具的柔性,减少刀具组件的数量,充分发挥刀柄、刀夹、刀杆等标准件的作用,降低刀具费用。在一批新的工件加工之前,按照刀具清单组装出一批刀具。刀具组装工作通常由人工进行。组装好一把完整的刀具后,通常要在刀具预调仪上按刀具清单进行调整,使其几何参数与名义值一致,并测量刀具补偿值,如刀具长度、刀具直径、刀尖半径等,测量结果记录在刀具调整卡片上,随刀具送到机床操作者手中,以便将刀具补偿值送入数控装置。在 FMS 系统中,如果对刀具实行计算机集中管理和调度,要对刀具进行编码,测量结果可以自动录入刀具管理计算机中,刀具和刀具数据按调度指令同时输送到指定机床。刀具预调仪的基本组成部分如图 3-9 所示。

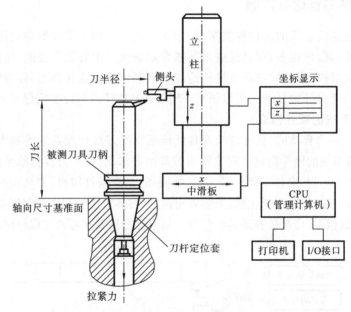

图 3-9 刀具预调仪的基本组成

(1) 刀柄定位机构　刀柄定位机构是一个回转精度很高、与刀柄锥面接触良好、带拉紧刀柄机构的主轴,该主轴的轴向尺寸基准面与机床主轴相同。刀柄定位基准是测量基准,具有很高的精度,一般与机床主轴定位基准的精度相接近。测量时慢速转动主轴,以便找出刀具刀齿的最高点。刀具预调仪主轴中心线对测量 Z 轴、X 轴具有很高的平行度和垂直度。

(2) 测量头　测量头有接触式测量头和非接触式测量头。接触式测量用百分表(或扭簧仪)直接测出刀齿的最高点和最外点,测量精度可达 0.002～0.001 mm。接触式测量比较直观,但容易损伤表头和刀刃。非接触式测量不太直观,但可以综合检查刀刃质量。用得较多的是投影光屏,测量精度受光屏的质量、测量技巧、视觉误差等因素的影响,其测量精度为 0.005 mm 左右。

(3) Z、X 轴测量机构　通过 Z、X 两个坐标轴的移动,带动测量头测得 Z、X 轴轴向尺寸,即刀具的轴向尺寸和径向尺寸。两轴使用的实测元件有多种。机械式的有游标刻线尺、精密丝杠和刻线尺加读数头;电测量有光栅数显、感应同步器数显和磁尺数显装置等。

(4) 测量数据处理　在有些 FMS 中对刀具进行计算机管理和调度时,刀具预调数据随刀具一起自动送到指定机床。要达到这个目的,需要对刀具进行编码,以便自动识别刀具。刀具的编码方法有很多种,如机械编码、磁性编码、条形码和新发展的磁性芯片。刀具编码在刀具准备阶段完成。此外，在刀具预调仪上配置计算机及附属装置，可存储、输出和打印刀具预调数据，并与上一级计算机(刀具管理工作站、单元控制器)联网，形成 FMS 系统中的刀具计算机管理系统。

通常在刀具组装和预调好进入刀具库进、出站之前，需对刀具进行编码，包括刀具分类编码、刀具组件编码、在线刀具编码等，并有条形码粘贴在刀具上，作为对刀具的唯一标识。换刀时，根据控制系统发出的换刀指令代码，通过编码识别装置从刀库中寻找出所需要的刀具。由于每把刀具都有代码，因而刀具可放入刀库中任何一个刀座内，每把刀具可供不同工序多次重复使用，使刀库容量减小，可避免因刀具顺序的差错所造成的加工事故。

3.3.3 刀具的管理与控制

由于柔性制造系统加工的工件种类繁多，加工工艺以及加工工序的集成度很高，系统运行时需要的刀具种类和数量很多，而且这些刀具频繁地在系统中各机床之间、机床和刀库之间进行交换；另外，刀具磨损、破损后进行更换而造成的强制性或适应性换刀，各种因素使得刀具流的管理和刀具监控变得异常复杂。所以研究 FMS 中刀具管理与控制问题是一新的课题。

1. 刀具管理系统的硬件构成

图 3-10 所示为一个典型的、具有自动刀具供给系统的刀具管理系统的基本构成框图，能更好地说明刀具管理系统的硬件构成。它主要由刀具准备车间(室)、刀具供给系统和刀具输送装置三部分组成。其中，刀具准备车间包括：刀具附属库、条形码打印机、刀具预调仪、刀具装卸站及刀具刃磨设备等；刀具供给系统包括：条形码阅读器、刀具进出站和中央刀库等；刀具输送系统包括：装卸刀具的机械手、传送链和运输小车等。每个部分按要求各自完成设定的功能。

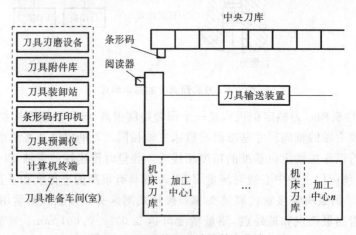

图 3-10 刀具管理系统的基本构成

2. 刀具管理系统软件系统构成

刀具管理系统除了刀具管理服务之外，还要作为信息源，向实时过程控制系统、生产调度系统、库存管理系统、物料采购和订货系统、刀具装配站、刀具维修站和校准站等部门提供服务。工艺设计人员需要刀具的几何参数和刀具材料的数据，以便根据工序加工的要求合理选择刀具，这些都必须有软件系统支持。刀具管理软件系统构成框图如图 3-11 所示，它主要描述软件的模块组成及其与外部软件的关系。

3. 刀具监控和管理

工件在 FMS 上加工的过程中，刀具始终处于动态的变化过程中，刀具监控主要是为了及

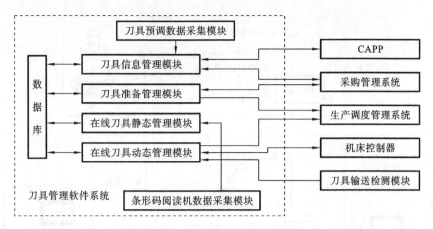

图 3-11 刀具管理软件系统的构成

时地了解所使用刀具的磨损、破损等情况。目前,刀具的监控主要从刀具寿命、刀具磨损、刀具断裂以及其他形式的刀具故障等方面进行。需要采用专门的监控装置,如用切削力或切削功率对刀具磨损进行检测,用声发射装置监测刀具破损等。刀具装入机床后,通过计算机监控系统统计各刀具的实际工作时间,并将这个数值适时地记录在刀具文件内。值班管理员提供刀具使用情况报告,其中包括各机床工作站缺漏刀具表和刀具寿命状态表。管理员可根据这些报告,查询有关刀具的供货情况,并决定当前刀具的更换计划。

FMS 中的刀具信息可以分为动态信息和静态信息两个部分。动态信息是指使用过程中不断变化的一些刀具参数,如刀具寿命、工作直径、工作长度以及参与切削加工的其他几何参数。这些信息随加工过程的进行不断发生变化,直接反映了刀具使用时间的长短、磨损量的大小、对工件加工精度和表面质量的影响等。而静态信息是一些加工过程中固定不变的信息,如刀具的编码、类型、属性、几何形状以及一些结构参数等。

刀具管理的基础是刀具数据管理,刀具数据管理与数据载体有很大关系。由于 FMS 中所使用的刀具品种多、数量大、规格型号不一,涉及的信息量较大。为了便于刀具信息的输入、检索、修改、删除、更新和输出控制,FMS 以不同的形式对刀具信息进行集中管理。传统的刀具数据是记录在纸上的(数据表),只能由人来识别,很难实现计算机处理。另一种数据载体是条形码,条形码可以用条形码阅读器读取,由计算机处理。但是,条形码的数据量是有限的,且很难记录变化属性的数据。半导体存储器是较为先进的数据载体,它具有读写方便、数据容量大、便于计算机处理等一系列优点。FMS 中的刀具数据的组织和信息流如图 3-12 所示。

3.3.4 刀具交换装置及刀库

刀具交换通常由换刀机器人或刀具运送小车来实现。它们负责完成在刀具装卸站、中央刀库以及各加工单元(机床)之间的刀具传递和搬运。FMS 的刀具交换包含如下三个方面的内容。

1. 机床刀库与机床主轴之间的刀具交换

FMS 中的所有加工中心都备有自动换刀装置(ATC),用于将机床刀库中的刀具更换到机床主轴上,并取出使用过的刀具放回到机床刀库。目前常用的加工中心机床自动换刀时的选刀方式有顺序选刀方式、刀具编码方式及刀座编码方式。而机床主轴和机床刀库之间常采用如下两种换刀机构来实现刀具的更换。

(1) 换刀机械手 这是加工中心常采用的刀具交换装置,它具有灵活性大、换刀速度快的

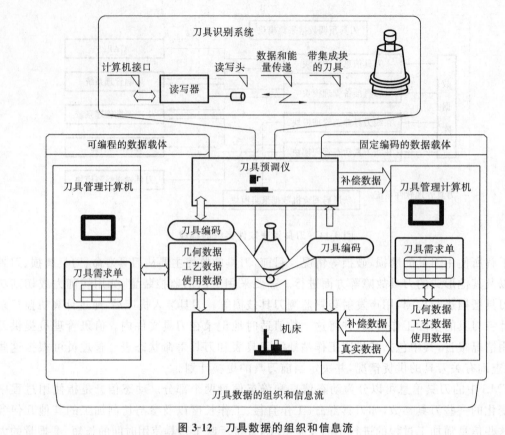

图 3-12 刀具数据的组织和信息流

特点。按刀具夹持器的数量可分为单臂机械手和双臂机械手,图 3-13～图 3-15 分别为典型的单臂机械手的换刀示意图。其特点是结构简单,换刀时间较长。其中,图 3-13 中的机械手做往复直线运动,用于机床主轴与机床刀库刀座轴线平行的场合;图 3-14 所示为摆动式机械手,其轴线与刀具轴线平行,用于机床刀库刀座轴线与机床主轴轴线平行的场合;图 3-15 所示的

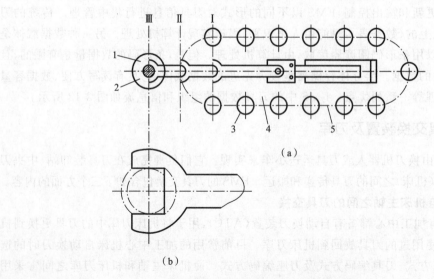

图 3-13 作往复直线运动的单臂机械手
1—机床主轴;2—旧刀;3—新刀;4—机械手;5—刀库

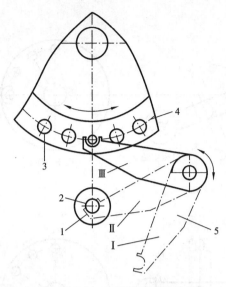

图 3-14 作摆动运动的单臂单手机械手(1)
1—机床主轴；2—旧刀；3—新刀；4—机械手；5—刀库

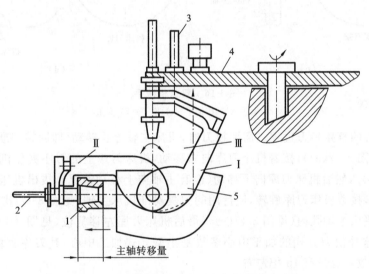

图 3-15 作摆动运动的单臂单手机械手(2)
1—机床主轴；2—旧刀；3—新刀；4—机械手；5—刀库

也是一种摆动式机械手，它适用于机床刀库刀座轴线与机床主轴轴线垂直的场合。

图 3-16 为典型的双臂机械手的换刀示意图，其中，图 3-16(a)为勾手结构，图 3-16(b)为伸缩手结构，图 3-16(c)为抱手结构，图 3-16(d)为叉手结构。它们的特点是换刀时间短，可同时抓取机床主轴上的刀具和机床刀库中的刀具，并完成抓刀、拔刀、转位、插刀和复位动作。这些双臂机械手广泛应用于机床刀库刀座轴线和机床主轴轴线平行的场合。

除了用一个机械手完成换刀动作外，有些加工中心上还有使用两个机械手的，称为双机械手，虽然它换刀时间短，但结构比较复杂。这种换刀装置除完成换刀动作外，还起运输作用。

(2) 直接换刀(转塔式换刀)方式 由机床刀库与机床主轴的相对运动实现刀具交换，在换刀时必须先将用过的刀具从机床主轴上拔下送回刀库，然后再从机床刀库中选择新刀具并换到主轴上，这两个动作是按顺序进行的，而不能同时进行，因此换刀时间较长。图 3-17 表示

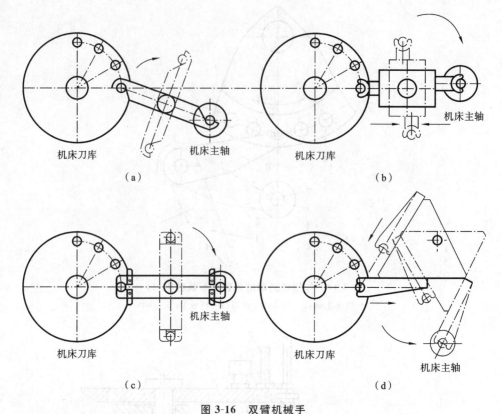

图 3-16 双臂机械手

(a) 勾手；(b) 伸缩手；(c) 抱手；(d) 叉手

某立式加工中心的直接换刀过程。需要换刀时，机床主轴停止转动（即回转到准停位），并上升到换刀位置（见图 3-17(a)），接着机床刀库向右移动，机床刀库上的刀座夹住机床主轴上的刀具（见图 3-17(b)），然后机床刀库向下移动（也有主轴向上移动情况），拔出机床主轴上的刀具（见图 3-17(c)），接着机床刀库旋转，使待用的刀具对准机床主轴（见图 3-17(d)），机床刀库上升把刀具插入机床主轴孔内（见图 3-17(e)），最后机床刀库左移复位（见图 3-17(f)），至此，换刀结束。具有这种换刀方式的加工中心多数是小型立式加工中心，其刀库容量小、换刀时间长，存储的刀具数量也只有 16 把左右。

2. 刀具装卸站、中央刀库以及各加工机床之间的刀具交换

在 FMS 中的刀具装卸站、中央刀库以及各加工机床之间进行远距离的刀具交换，必须有刀具运载工具的支持。刀具运载的工具有许多种，常见的有换刀机器人和刀具输送小车。按运行轨道的不同，刀具运载工具可分为有轨和无轨两种。无轨刀具运载工具价格昂贵，而有轨的价格相对较低，且工作可靠性高，因此在实际应用中多采用有轨刀具运载工具。

有轨刀具运载工具又可分为地面轨道和高架轨道两种，高架轨道的空间利用率高，结构紧凑，但技术难度较地面轨道要大一些。高架轨道一般采用双列直线式导轨，平行于加工中心和中央刀库布置，这样便于换刀机器人在加工中心和中央刀库之间进行移动。

刀具装卸站是刀具进出 FMS 的中转站，其结构为多框架式，是一种专用的刀具排架。刀具交换装置则是在刀具装卸站、中央刀具库和机床刀库之间进行刀具传递和搬运的工具。

3. 运载工具、刀架与机床刀库之间的刀具交换

有些柔性制造系统是通过自动小车（automatic guide vehicle，AGV）将待交换的刀具输送

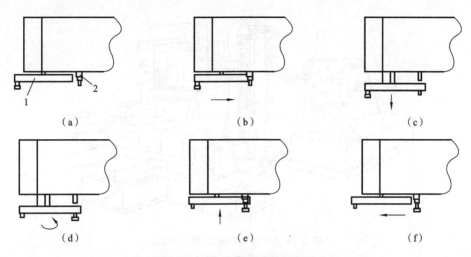

图 3-17 直接换刀过程示意图
1—机床刀库；2—机床主轴

到各台加工机床上的,在 AGV 上放置一个装载刀架,该刀架可容纳 5~20 把刀具,由 AGV 将这个装载刀架运送到机床旁边,再将刀具从装载刀架上自动装入机床刀库,其方法通常有以下几种。

(1) 采用过渡装置　利用机床主轴作为过渡装置,把刀具从装载刀架上自动装入机床刀库。这种方法要求装载刀架设计得便于主轴抓取,通常它只能容纳少量的刀具(5~10 把),由 AGV 像运送托盘/工件那样,将装载刀架送到机床工作台上,然后利用主轴和工作台的相对移动,把刀具装入机床主轴,再通过机床自身的自动换刀装置,将刀具依次装入机床刀库。这种方法简单易行,但需占用机床工时。

(2) 采用专门的刀具取放装置　在中央刀库和每台机床上都配备一台刀具取放装置,装载刀架为鼓形结构,可容纳 20 余把刀具。AGV 把装载刀架运送到机床尾部,通过刀具取放装置将刀架上的刀具逐个装入机床刀库内,并把旧刀具运回装载刀架。这种方法的优点是可在机床工作时进行刀具交换,其不足之处是增加了设备费用。

(3) AGV-ROBOT 换刀方式　在 AGV 上装有专用换刀机械手,当 AGV 到达换刀位置时,由机械手进行刀具交换操作,如图 3-18 所示。

(4) 更换机床刀库以实现刀具的交换　将机床刀库作为交换对象进行刀具交换,日本 Mazaki 公司的 FMS 就采用了这一方案。机床上的刀库可以拆卸,另一个备用刀库放在机床旁边的滑台上,交换时机床上的刀库滑到 AGV 上,滑台上的刀库装入机床。这种可交换式刀库的容量较小,大约可容纳 25 把刀具左右。这是一种新型刀具交换方法。

4. 刀库

刀库是柔性制造系统中存储备用刀具的部件,包括中央刀库和机载刀库(机床刀库)。

中央刀库用于存储 FMS 加工工件所需的各种刀具及备用刀具,中央刀库通过刀具自动输送装置与机床刀库连接起来,构成自动刀具供给系统。中央刀库容量对 FMS 的柔性有很大影响,尤其是混流加工(同时加工多种工件)和有相互替代的机床的 FMS。中央刀库不但为各机床提供后续零件加工刀具,而且能周转和协调各机床刀库的刀具,提高了刀具的利用率。当从一个加工任务转换到另一个加工任务时,刀具管理和调度系统可以直接在中央刀库中组织新加工任务所需要的刀具组,并通过输送装置送到各机床刀库中去,数控程序中所需要的刀

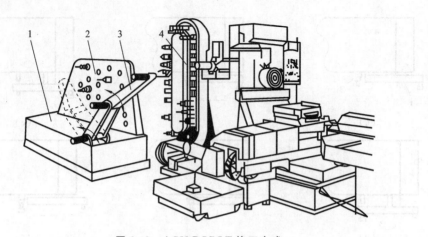

图 3-18 AGV-ROBOT 换刀方式
1—AGV；2—刀具存放装置；3—机械手；4—机床刀库

具数据也必须及时送到机床数控装置中。

机载刀库有固定式和可换式。固定式刀库不能从机床上移开，刀库容量较大（通常在 40 把以上）。可换式刀库可以从机床上移开，并用另一个装有刀具的刀库替换，刀库容量一般比固定式刀库要小。实际使用时，机载刀库用来装载当前工件加工所需要的各个刀具，刀具来源可以是刀具室、中央刀库和其他机床刀库。机载刀库常放在机床的顶部或侧面。

机载刀库按其形状可分为转塔式、链式、盘式和鼓式等基本形式，如图 3-19 所示。为了扩大刀库容量，设计人员又设计出了多层盘式、多层链式、辐射式等刀库结构。在这些刀库中，转塔式刀库的容量最小，通常只有 6~16 把刀具。这种刀库在立式加工中心中用得较多，一般安装在立式加工中心的主轴箱上。它的优点是不需要再配置换刀机构。盘式刀库的容量略大于转塔式刀库，通常可存储 20~30 把刀具，一般设置在机床顶部或两侧。鼓式和链式刀库的容量最大，常用于大型或中型卧式加工中心上。但鼓式刀库的换刀机构较复杂，因而不如链式刀库使用广泛。这两种形式的刀库容量为 40~80 把或者更多一些，一般设置在机床的侧面。

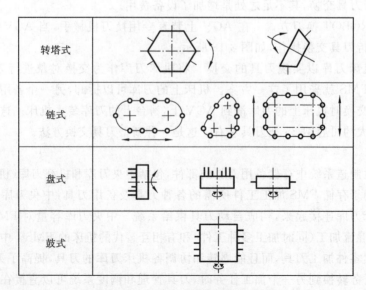

图 3-19 加工中心用机载刀库类型

3.4 物料运储设备

在柔性制造系统中,伴随制造过程进行着各种物料的流动,如工件或刀具在仓库或托盘站与工作站之间的输送,以及在各工作站之间的输送等。物料运储设备是柔性制造系统的重要组成部分,它将工件毛坯或半成品及时准确地输送到指定加工位置,并将加工好的成品送进仓库或装卸站,使柔性制造系统得以正常运行。柔性制造系统中的自动化运输设备有传送带、自动小车、机器人及机械手等,存储设备有立体仓库、装卸工作站和缓冲站等。

3.4.1 物料运输设备

1. 传送带

传送带广泛用于自动化制造系统中的工件或工件托盘的输送,传送带的形式有多种,如步伐式传送带、链式传送带、辊道式传送带、履带式传送带等。

(1) 步伐式传送带 步伐式传送带常用在刚性自动线中,用来输送箱体类工件或工件托盘。步伐式传送带有棘爪式和摆杆式等多种形式。

摆杆步伐式传送带具有刚性棘爪和限位挡块。输送摆杆除前进、后退的往复运动外,还需作回转运动,以便使棘爪和挡块回转到脱开工件的位置,等返回后再转至原来位置,为下一个步伐做好准备。这种传送带可以保证终止位置准确,输送速度较高,常用的输送速度为 20 m/min。

(2) 履带式传送带 它采用一节节带齿的链板连接而成,靠摩擦力传送工件。链板下的齿与传动链轮啮合,作单向循环运动。为防止链带下垂,用两条光滑的托板支承。多条链带并列或形成多通道,在其上设置分路挡板及拨料装置,可实现分料、合料、拨料、限位及返回等运动。这种传送带结构简单,工作可靠,储料多,易于实现多通道组合和自动化,且通用性好。

2. 自动小车

柔性制造系统中应用的自动小车是一种无人驾驶的自动化搬运设备,由于在柔性制造系统中加工的工件多采用工序集中的原则,工件在加工设备上加工的时间长,所以在输送线上的输送频率较低,大多采用自动流动、随机存取的输送方式。运输小车按其导向方式可分为有轨和自导两大类,按驱动方式可分为自驱动方式和他驱动方式两大类。

1) 有轨小车

自驱式有轨小车(self-driven rail guide vehicle,SRGV)是由在地面上铺设的两条平行钢轨和在其上行走的小车组成,小车上安装有齿轮,钢轨一侧安装有齿条,齿轮与齿条相啮合驱动小车行走。小车上的齿轮由电气伺服系统(或数控系统)驱动,利用定位槽销等机械定位机构使小车在规定的位置上准确停止,定位精度最高可达 0.1 mm。

他驱式有轨小车由外部链索牵引,如图 3-20 所示。有轨小车结构坚固,能承受很大的重量,多用于以加工大件为主的柔性制造系统中工件的直线式输送。

2) 自动小车

自动小车(AGV)是一种以蓄电池为动力,装有非接触导向装置的无人驾驶自动导引运载车。其行驶路线和停靠位置是可编程的。20 世纪 70 年代以来,电子技术和计算机技术推动了 AGV 技术的发展,如磁感应、红外线、激光导向、语言编程式的 AGV 技术都在发展中,并在技术上已成熟,形成系列化的产品。它具有以下几个方面的优点:

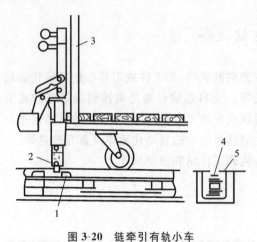

图 3-20 链牵引有轨小车

1—拖钩；2—销；3—车辆；4—链条；5—轨道

（1）较高的柔性。主要体现在比较容易改变、修正和扩充 AGV 的移动路线。

（2）实时监视和控制。控制计算机可以实时地对 AGV 进行监视与控制。当作业计划改变时，可以方便地重新安排小车路线或为紧急需要服务。

（3）安全可靠。AGV 通常由微处理器控制，能与控制器通信，防止碰撞，能低速运行，定位精度高，具有安全保护装置等。

（4）维护方便。一般每台 AGV 上的控制器对小车的运行状态始终进行着监控，一旦小车在输送线中发生故障，将由小车上的控制器发出故障信号，并通过现场总线，把故障信号传送到中央控制柜 PLC 中，这样就能在控制柜显示装置上显示出哪个小车在哪个区域发生了故障。于是维修人员就能很快地确定故障点，同时，小车上的控制器会显示预先设定在控制器上的故障代码，以便维修人员方便地知道故障原因，快速排除故障。

图 3-21 所示是一种能同时运送两个工件的 AGV 外形，其自动导向车系统由自动小车、地下电缆和控制器三部分组成。自动小车由蓄电池提供动力，并沿着埋设在地板槽内的用交变电流励磁的电缆行走，导向电缆铺设的路线和车间内工件的流动路线及仓库的布局相适应，AGV 行走的路线一般可分为直线、分支、环路和网状。自动小车驱动电动机由安装在车上的工业级铅酸蓄电池供电，通常供电周期为 20 h 左右，因此必须定期到电池维护区充电或更换。蓄电池的更换是手工进行的，充电可以是手工或者自动的，有些自动小车能按照程序自动接上电插头进行充电。

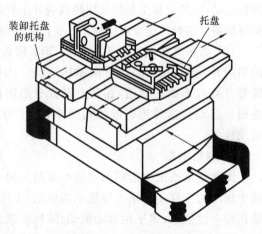

图 3-21 AGV 外形图

为了实现工件的自动交接，自动小车装有托盘交换装置，以便与机床或装卸站之间进行自动连接。交换装置可以是辊轮式也可以是滑动叉式。小车还装有升降对齐装置，以便消除工件交接时的高度差。自动小车上设有安全防护装置，前后有黄色警视信号灯，当自动小车连续行走或准备行走时，黄色信号灯闪烁。每个驱动轮均带有安全制动器，断电时，安全制动器自动接上。自动小车每一面都有急停按钮和安全保险杠，其上有传感器，当小车轻微接触障碍物时，保险杠受压，自动小车即停止。

图 3-22 所示的是磁感应 AGV 自动导向原理图，小车底部装有弓形的天线 3，跨设于以感应线 4 为中心且与感应线垂直的平面内。感应线通以交变电流，产生交变磁场。当天线 3 偏离磁感线任何一侧时，天线的两对称线圈中感应电压有差值，误差信号经过放大，驱动安装在左、右两侧的电动机 2，两驱动电动机有转速差，经驱动轮 1 使运输小车转向，使感应线重新位于天线中心，直至误差信号为零。因此，AGV 是沿着感应线行走的。

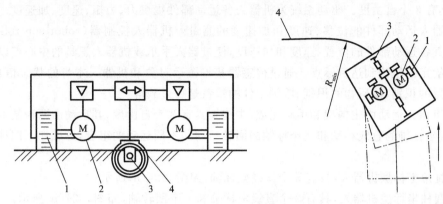

图 3-22 磁感应 AGV 自动导向原理图

1—驱动轮;2—驱动电动机;3—天线;4—感应线

自动小车的行走路线是可编程的,FMS 控制系统可根据需要改变作业计划,重新安排小车的路线,具有柔性特征。AGV 工作安全可靠,停靠定位精度可以达到 ±3 mm,能与机床、传送带等相关设备交接传递物料,传输过程中对工件无损伤,噪声低。

3. 工业机器人

工业机器人(IR)是一种可编程的多功能操作器,用于搬运物料、工件和工具,或者通过不同的编程以完成各种任务的设备。机器人和机械手的主要区别在于:机械手是没有自主能力的,不可重复编程,只能完成定位点不变的简单的重复动作;而机器人是由计算机控制的,可重复编程,能完成任意定位的复杂运动。

工业机器人按用途分为焊接机器人、喷漆机器人、搬运机器人、装配机器人等。自动化制造系统中常用机器人在搬运物料、工件和工具时,由于受抓举载荷能力的限制,所以通常用来搬运和装卸中、小型工件和工具。

工业机器人一般由主构架(手臂)、手腕、驱动系统、测量系统、控制器及传感器等组成。图 3-23 所示的是工业机器人的典型结构。机器人手臂具有 3 个自由度(运动坐标轴),作业空间由手臂运动范围决定。手腕是机器人工具(如焊枪、喷嘴、机加工刀具、夹爪)与主构架的连接

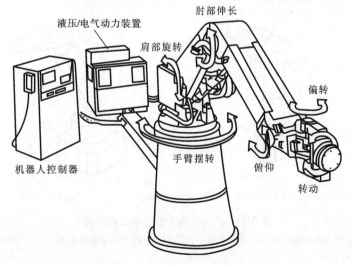

图 3-23 工业机器人的典型结构

机构,它具有3个自由度。驱动系统为机器人各运动部件提供力、力矩、速度、加速度。测量系统用于机器人运动部件的位移、速度和加速度的测量。机器人控制器(robot controller,RC)用于控制其各运动部件的位置、速度和加速度,使机器人手爪或机器人工具的中心点以给定的速度沿着给定的轨迹到达目标点。通过传感器获得搬运对象和机器人本身的状态信息,如工件及其位置的识别、障碍物的识别、抓举工件的重量是否过载等。

工业机器人运动由主构架和手腕完成,主构架具有3个自由度,其运动由两种基本运动组成,即沿着坐标轴的直线移动和绕坐标轴的回转运动。不同运动的组合,形成如下四种类型的机器人。

(1) 直角坐标型机器人,具有3个直线坐标轴,如图3-24(a)所示。
(2) 圆柱坐标型机器人,具有2个直线坐标轴和1个回转轴,如图3-24(b)所示。
(3) 球坐标型机器人,具有1个直线坐标轴和2个回转轴,如图3-24(c)所示。
(4) 关节型机器人,具有3个回转轴,如图3-24(d)所示。

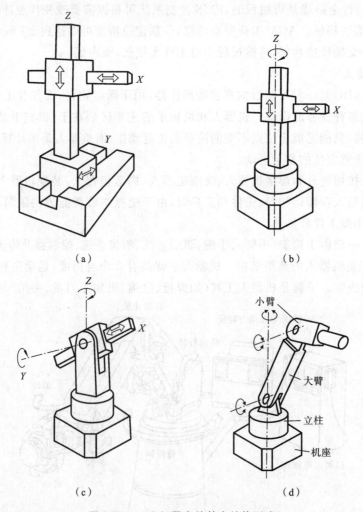

图 3-24 工业机器人的基本结构形式
(a) 直角坐标型机器人;(b) 圆柱坐标型机器人;(c) 球坐标型机器人;(d) 关节型机器人

3.4.2 物料存储设备

1. 自动化立体仓库

自动化立体仓库是指用巷道式堆垛起重机的立体仓库,它在柔性制造系统中占有非常重要的地位,以它为中心组成了毛坯、半成品、配套件或成品的自动存储、自动检索系统,并在管理信息系统的支持下,与加工、搬运设备一起构成先进的 FMS 系统。尽管以自动化立体仓库为中心的物料流(物流)管理自动化耗资巨大,但它在实现现代化管理、加速资金周转、保证均衡及柔性生产诸方面所带来的效益也是巨大的,越来越多的 FMS 采用了自动化立体仓库。自动化立体仓库的主要特点如下。

(1) 利用计算机管理,使得物资库存账目清楚,物料存放位置正确,对系统的物料需求响应速度快。

(2) 与搬运设备(如 AGV、有轨小车、传送带)衔接,能可靠、及时地供给物料。

(3) 能减少库存量和工件损伤及物料丢失,加速资金周转。

(4) 提高了厂房空间的利用率,降低了管理费用,提高了经济效益。

1) 自动化立体仓库的组成

自动化立体仓库主要由库房、货架、堆垛起重机、外围输送设备、信息输入设备和状态检测器及自动控制装置等组成,如图 3-25 所示。高层货架成对布置,货架之间有巷道,随仓库规模大小可以有一条或若干条巷道。入库和出库一般都布置在巷道的某一端,有时也可以设计成由巷道的两端入库和出库。每条巷道都有巷道式堆垛起重机。巷道的长度一般有几十米,货架的高度视厂房高度而定,通常在几十米范围内。货架常由一些尺寸一致的货架格组成。货架的材料采用金属型材,货架上的托板用金属板或木板(用于轻型零件),多数采用金属板。进入高仓位的零件通常先装入标准的货箱内,然后将货箱装入高仓位的货架格中。每个货架格存放的零件或货箱的质量一般不超过 1 t,其体积不超过 1 m×1 m×1 m。对于大型和重型零件,因提升困难而不存入立体仓库内。

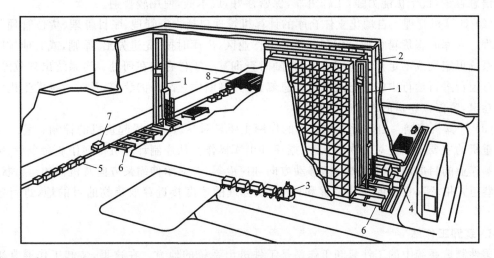

图 3-25 自动化立体仓库系统

1—巷道式堆垛起重机;2—高架多层货架;3—场内运输 AGV;4—场内有轨运输车;
5—中转货柜;6—出入库传送滚道;7—场外运输 AGV;8—中转货场

2) 巷道式堆垛起重机

巷道式堆垛起重机是立体仓库内部的搬运设备，其在巷道口与外边的 AGV 等进行物料交换。巷式堆垛起重机可采用有轨或无轨方式。仓库高度很高的立体仓库通常采用有轨的形式。为增加稳定性，采用两条平行导轨，即天轨和地轨（见图 3-26）。巷道式堆垛起重机的运动有沿巷道的水平移动、升降台的垂直上下升降和货叉的伸缩。巷道式堆垛起重机上有检测水平移动和升降高度的传感器，可辨认货物的位置，一旦找到需要的货位，在水平和垂直方向上制动，货叉将货物自动推入货架格，或将货物从货架格中取出。

巷道式堆垛起重机上有货架格状态检测器，采用光电检测方法，利用零件表面对光的反射作用，探测货架格内有无货箱，以防止取空和存货干涉。

3) 自动化立体仓库的管理和控制

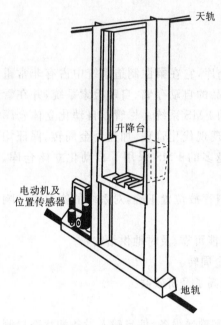

图 3-26 巷道式堆垛起重机

自动化立体仓库的管理和控制由计算机系统来完成，实现仓库管理自动化和出入库作业自动化。仓库管理自动化包括对账目、货箱、货位及其他信息的计算机管理。出入库作业自动化包括货箱零件的自动识别、自动认址、货架格状态的自动检测以及巷道式堆垛起重机各种动作的自动控制等。其功能包括物料流（物流）控制和信息流控制两大部分，如图 3-27 所示。

(1) 货物的自动识别与存取　货物的自动识别是自动化立体仓库运行的关键，货物的自动识别通常采用编码技术，对货架格进行编码，或对货箱（托盘）进行编码，或同时对货架格和货箱进行编码，然后在货箱或托盘的适当部位贴上条形码，当货箱通过入库传送滚道时，用条形码扫描器自动扫描条形码及译码，将货箱零件的有关信息自动录入计算机。条形码具有很高的信息容量，抗干扰能力强，工作可靠，保密性好，成本低，使用较普遍。

(2) 计算机管理　自动化立体仓库的计算机管理包括物资管理、账目管理、货位管理及信息管理。入库时将货箱合理分配到各个巷道作业区，出库时按"先进先出"原则，或其他排队原则。系统可定期或不定期的打印报表，并随时查询某一零件存放在何处。当系统出现故障时，通过总控台进行运行中的动态改账及信息修正，并判断发生故障的巷道，及时封锁发生机电故障的巷道，暂停该巷道的出入库作业。

(3) 计算机控制　自动化立体仓库的控制主要是对巷道式堆垛起重机的控制。巷道式堆垛起重机的主要工作是对货物的入库、搬库和出库操作。从控制计算机得到作业命令后，屏幕上显示作业的目的地址、运行地址、移动方向和速度等，并显示伸缩叉方向及机器的运行状态。控制巷道式堆垛起重机的移动位置和速度，以合理的速度接近存取货物的目的地，进行定位存取。

2. 装卸工作站

柔性制造系统中的工件装卸工作站是工件进出系统的地方。在这里，装卸工作通常采用人工操作完成。FMS 如果采用托盘装夹运送工件，则工件装卸工作站必须有可与自动小车等托盘运送系统交换托盘的工位。工件装卸工作站的工位上安装有传感器，与 FMS 的控制管理系统连接，指示工位上是否有托盘。工件装卸工作站设有工件装卸工作站终端，也与 FMS

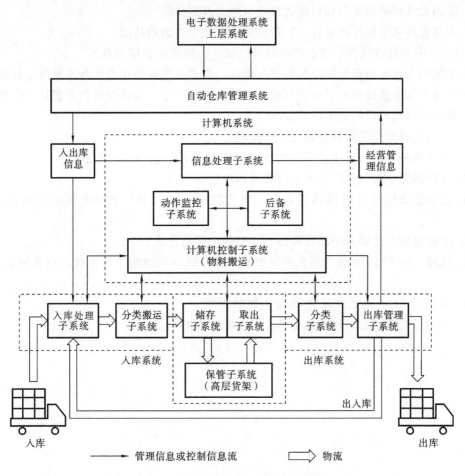

图 3-27 自动化立体仓库系统功能框图

的控制管理系统连接,用于装卸工人装卸结束的信息输入,以及要求装卸工人装卸的指令输出。

3. 缓冲站

在 FMS 物流系统中,除了必须设置适当的中央料库和托盘库外,还必须设置各种形式的缓冲存储区来保证系统的柔性。因为在生产线中会出现偶然的故障,如刀具折断或机床故障。为了不致阻塞工件向其他工位的输送,输送线路中可设置若干个侧回路或多个交叉点的并行物料库以暂时存放故障工位上的工件。因此,在 FMS 中,建立适当的托盘缓冲站或托盘缓冲库是非常必要的。托盘缓冲库是托盘在系统中等待下一工序系统加工服务的地方,托盘缓冲库必须有可与运输小车等托盘运送系统交换托盘的工位,为了节省地方,可采用高架托盘缓冲库。在托盘缓冲库的每个工位上安装有传感器,可直接与 FMS 的控制管理系统连接。

思考题与习题

1. 简述柔性制造系统中的物流系统功能及其组成。
2. 什么是工件流支持系统?其构成包括哪些部分?说明其控制过程。
3. 简述柔性制造系统中的夹具系统的功能和作用,可采用哪些夹具?

4. 简述柔性制造系统中物料输送系统的形式及其作用。
5. 刀具管理系统的作用是什么？它应具备哪几个方面的功能？
6. FMS 中刀具流支持系统由哪些部分组成？如何自动识别刀具？
7. 常用的刀具交换装置的结构形式有哪些？中央刀库和机床刀库各自发挥怎样的作用？
8. 试讨论如何通过对刀具的管理减少刀具的交换次数。托盘交换装置起什么作用？
9. 简述刀具预调仪的基本组成及功能。
10. 自动化仓库在柔性制造系统中的作用？
11. 有哪几种形式自动化仓库？试指出固定式自动仓库的结构特点。
12. 举例说明如何对自动仓库进行管理和控制。
13. 自动化立体仓库有哪些优点？如何实现工件在自动化立体仓库中的自动存储和管理？
14. 工业机器人由哪几个部分构成？它们的功能是什么？
15. 机器人在 FMS 系统中适合于做哪些工作？试举例说明工业机器人在物料运储中的应用。
16. 试说明 AGV 的工作原理、调度与控制方法。
17. 举例说明采用自动化仓库和 AGV 的柔性制造系统。

第4章 FMS 的信息流系统

柔性制造系统,可看成是由物料流和信息流两大部分组成的系统。信息流是把系统中各个组成部分有机地联系起来,对系统中产生的大量信息、数据进行采集、存储、整理、加工和传送,并保证整个加工系统高效、稳定运行,它就是要完成极其复杂而又重要的信息处理任务。FMS 中的信息有工艺信息、制造信息、控制信息、计划调度信息、统计信息等,各种信息以一定的流程形式在 FMS 内部处于连续的动态变化中,不断被生成、使用、保存、传递、更新和删除,这些流程形成了 FMS 中的信息流。信息流是由 FMS 的控制系统进行管理的。控制系统采用递阶(分层)控制结构,通过在计算机系统硬件上运行计算机软件来操纵整个 FMS 系统。计算机硬件是计算机系统中的物理装置,其中的计算机通信网络提供了系统互联和信息互通的能力。计算机软件和数据库系统是信息集成的关键之一。信息集成就是用系统的观点来组织管理信息,以通用的标准进行各种信息交换,并以可行的计算机硬件、软件系统实现信息管理的全过程。

4.1 FMS 的信息流模型及特征

4.1.1 FMS 的信息流模型

FMS 的基本特点是能以中小批量高效率地加工多种零件,为了能使 FMS 的加工系统中的各种设备与物料系统自动协调的工作,并具有充分的柔性,迅速响应系统内外部的变化,及时调整系统的运行状态,关键就是要准确地规划信息流,使各个子系统之间的信息有效、合理地流动,从而保证系统的计划、管理、控制和监视功能有条不紊地运行。图 4-1 所示为 FMS 的信息网络模型,它由五层组成。

(1) 计划层 属于工厂一级,包括产品设计、工艺设计、生产计划、库存管理等。它规划的时间范围(指任何控制层完成任务的时间长度)可从几个月到几年。

(2) 管理层 属于车间或系统管理级,包括作业计划、工具管理、在制品及毛坯管理、工艺系统分析等。其规划时间范围从几周到几个月。

(3) 单元层 属于系统控制级,担负分布式数控、输送系统与加工系统的协调、工况和机床数据采集等。其规划时间范围可从几个小时到几周。

(4) 控制层 该层属于设备控制级,包括机床数控、机器人控制、运输和仓库控制等。其规划时间范围可从几分钟到几小时。

(5) 执行层 也称设备级层,通过伺服系统执行控制指令,从而产生机械运动,通过传感器采集数据和监控工况等。其规划时间范围可以从几毫秒到几分钟。

就数据量而言,从上一层到下一层的需求是逐层减少的,但就数据传送时间的要求而言,是从以分钟计逐层缩短到以毫秒计。

对柔性制造系统而言,仅涉及管理层以下的几层。管理层和单元层可分别由高性能微机或超级微机作为硬件平台,而控制层大多由具有通信功能的数控系统和可编程控制器组成。

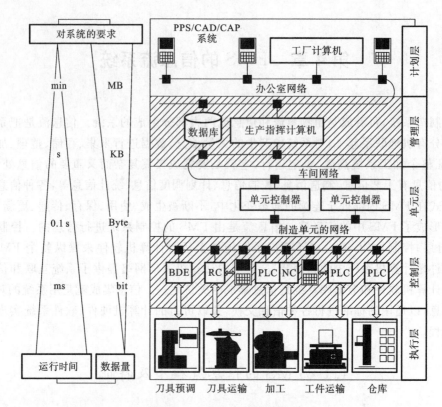

图 4-1 FMS 的信息网络模型

4.1.2 FMS 的信息流数据及特征

FMS 中的信息由多级计算机进行处理和控制。要实现 FMS 的控制管理,首先必须了解在制造过程中有哪些信息和数据需要采集?这些信息和数据是怎样产生的并流向何处?数据之间是如何进行处理、交换和利用的呢?下面进行简要分析。

1. 数据及其联系

柔性制造系统是一个离散系统,其中包含有三种不同类型的数据:基本数据、控制数据和状态数据。

(1) 基本数据　基本数据在柔性制造系统开始运行时建立,并在运行中逐渐补充,它包括系统配置数据和物料基本数据,系统配置数据有机床编号、类型、存储工位号、数量等。物料基本数据包括刀具几何尺寸、类型、耐用度、托盘的基本规格,相匹配的夹具类型、尺寸等。

(2) 控制数据　即有关加工工件的数据,包括工艺规程、数控程序、刀具清单、加工任务单。加工任务单指明了加工任务类型、批量及完成期限,即组织控制数据。

(3) 状态数据　它描述了资源利用的情况,包括数控机床及加工中心、清洗机、测量机、装卸系统和输送系统等装置的运行时间、停机时间及故障原因等的设备状态数据,表明随行夹具、刀具的寿命数据及其破损、断裂情况,由地址识别的物料状态数据和工件实际加工进度、实际加工工位、加工时间、存放时间、输送时间以及成品数、废品率的工件统计数据。

在 FMS 系统运行过程中,这些数据互相之间有着各种联系,主要表现为以下三种形式。

(1) 数据联系　这是指系统中不同功能模块或不同任务需要同一种数据或者有相同的数据关系时而产生数据联系。例如编制作业计划、制定工艺规程及安装工件时,都需要工件的基本数据,这就要求把各种必需的数据文件存放在一个相关的数据库中,以便共享数据资源,并保证各功能模块能及时迅速地交换信息。

(2) 决策联系　当各个功能模块对各自问题的决策相互影响时而产生决策联系,这不仅是数据的联系,更重要的是逻辑和智能的联系。例如编制作业计划时,对工件进行不同的混合分批,就会有不同的效果。利用仿真系统有助于迅速作出正确决定。

(3) 组织联系　系统运行的协调性对 FMS 来说是极其重要的。工件、刀具等物料流是在不同地点、不同时刻完成控制要求的,这种组织上的联系不仅是一种决策联系,而且具有实时动态性和灵活性。因此,协调系统是否完善已成为 FMS 有效运行的前提。

2. 结构特征

从信息集成的观点来说,FMS 是在计算机管理下,通过数据联系、决策联系和组织联系,把制造过程的信息流连成一个具有反馈信息的调节回路,从而实现自动控制过程的优化。

FMS 管理和控制的信息流程是由作业计划、加工准备、过程控制与系统监控等功能模块组成。图 4-2 所示为 FMS 管理和控制信息流程的功能参考模型。

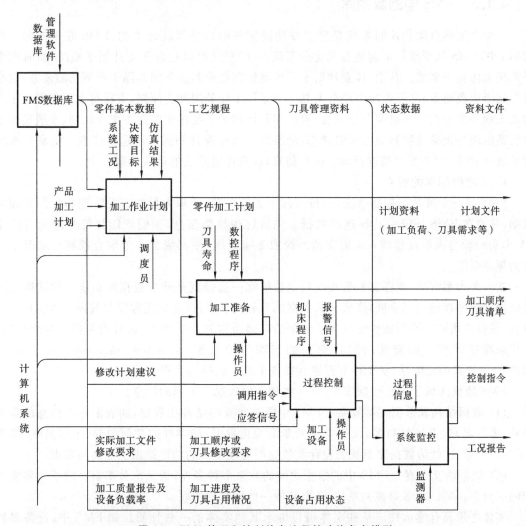

图 4-2　FMS 管理和控制信息流程的功能参考模型

(1) 结构特征　按照计算机分级、分布控制系统的要求,FMS 控制系统可以划分为制定与评价管理、过程协调控制及设备控制三个层次,这是一种模块化的结构,各模块在功能上和时间上既相互独立又相互联系。这样,尽管系统复杂,但对每个子模块来说,可分解成各个简单的、直观的控制程序来完成相应的控制任务,这无疑在可靠性、经济性等方面都有了明显改善。

要经济地实现这种结构化特征,其前提是各个层次间必须有统一的通信语言,规定明确的接口,除了建立中央数据库统一管理外,还应设置局部数据缓冲区,保持人工介入的可能性,并有友好的用户界面。

(2) 时间特征　根据信息流的不同层次,它们对通信数据量与时间的要求也不相同,计划管理模块内的通信主要是文件传送和数据库查询、更新,需要存取、传送大量数据,因此,往往需要较长时间。而过程控制模块只是平行地交换少量信息(如指令、命令响应等),但必须及时传递,实时性强,它的计算机运行环境是在实时操作系统支持下并行运行的。各个部分的有机结合,构成了柔性制造系统的物料流、信息流和能量流的集成控制。

4.1.3　FMS 中的数据库

一个大型的自动化控制系统是建立在功能完善的信息系统之上的,FMS 亦是如此。在 CIMS 中,FMS 属于底层的制造自动化分系统,一般它又可以包含作业计划子系统、实时调度子系统和仿真子系统。其中,作业计划子系统是根据企业制造车间实际生产下达的任务,以尽量提高机床负荷率、尽可能减少随行夹具并缩短加工任务周期为原则,安排每个加工零件工序的加工顺序和地点。实时调度子系统,根据作业计划子系统作出的静态作业计划,参照监控系统反馈的现场设备及物料流的实时状态,动态地安排作业计划的实际运行作业。仿真子系统则是通过对整个 FMS 模型进行动态图形仿真,综合评定系统的运行效率。

1. 工程数据库的特点

FMS 是一个复杂的控制系统,运行过程中需要存储、管理大量的有关管理和工程方面的数据,并能在 FMS 环境中共享这些数据。凭借这些数据信息,人们才能将控制理论应用于 FMS,将经验与决策过程调入决策支持系统或专家系统,使其成为一个融合控制与运筹于一体的集成系统。

在一个大系统中,要存储和管理大量信息的唯一途径就是建立数据库系统。数据库系统可以降低数据存储的冗余度,实现公共数据的充分共享;可以使应用程序与数据尽可能地相互独立,使得应用程序不但较少地依赖于数据的存储结构和介质种类,而且当数据结构改变时,不要求程序作较大的修改;同时,它的数据库管理系统(data base management system, DBMS)对数据的完整性、安全性和保密性提供了统一的控制手段。

FMS 数据库属于工程数据库,它有一些和常规数据库不同的特点。

(1) 数据结构和数据类型复杂　FMS 中既有常规的结构化数据,如表示零件信息的零件符号、零件名称、毛坯材料等,又有特殊的非结构化数据,如零件的几何图形、工程曲线、数控(NC)程序等,这就给数据库系统的设计和数据库管理系统的功能提出了更高的要求。

(2) 数据语义丰富　FMS 中的数据之间的联系多种多样,语义十分丰富。除了一般实体间的一对多、多对一、多对多关系外,还有其他一些特殊的关联。

实体之间具有继承性。某些实体可以继承其他实体的一些性质。如 FMS 中,设备多种多样,有加工中心、运输小车、清洗机等,它们之间既有共性也有特性,实体"设备"中包含了所有设备的共性,这样,各个特殊实体如"加工中心"等就可以继承"设备"中的公共属性。

实体之间具有限制关系。这种限制关系是指：两个实体，其中一个实体实例的存在必须以另一实体的相应实例存在为前提，即后一实体起主导作用，它是限制前一实体具有的具体实例。例如，在 FMS 中现行能加工的零件类型有 130 种，而每一种零件都要根据自己的工艺规程进行加工，即零件和工艺规程是一一对应的。假如"工艺规程"实体中存在某一零件的工艺规程，而该零件不在上述的 130 种之列，也就是实体"零件"中没有这一零件实例，那么"工艺规程"中这一实例的存在是没有意义的。这就是"零件"对"工艺规程"有限制关系。

数据具有动态特性。FMS 中，各设备、零件、托盘的存放位置也在不断改变，就拿某刀具来说，它一旦进入系统，就在刀具装卸站、运输小车、立体仓库、加工中心、机床刀库间不断传送。假如一把刀具被运输小车从系统刀库中运送到某一台加工中心上，那么这台加工中心的刀库状态中就要增加这把刀具的信息，而系统刀库的状态信息中就应该反映出该刀具已被运走。这种数据的动态特性是实时调度系统必不可少的依据。

(3) 数据管理的实时性要求高　对于以上提出的数据动态特性，绝大多数体现在系统的状态数据中。一个较大系统的状态不计其数，且变化频率又相当快，它们随着整个 FMS 的运行由状态采集系统源源不断地收集进来，并在数据库中要有及时的反映。这就给数据管理的实时性增加了难度。而实时性又是整个 FMS 工程数据库得以有效运行的关键因素。

另外，工程数据库还有可扩展的数据类型、图形数据的处理、数据库版本管理以及事物与并发控制等特点。

2. 数据库的类型

按数据模型的不同，数据库可以分为层次型数据库、网状型数据库、关系型数据库和面向对象型数据库。

1) 层次型数据库

在层次型数据库中，数据用简单的树结构表示，这一特点决定了记录类型和记录类型之间的联系只能是一对多的联系。数据的操作必须按照从根开始的某条路径去访问。

层次型数据库适于描述事物之间的继承性。但由于路径的限制，使得应用程序的编制比较复杂，调试和维护也比较困难。

2) 网状型数据库

网状型数据库是以记录类型为节点的网络结构，网状型数据库可以直接描述多对多的联系，而且可以方便地描述复杂的数据结构，存取路径明确，效率较高。对于 FMS 中工程数据结构复杂的特点，网状型数据库显示出一定的优势。然而对用户而言，仍然避免不了存取路径的限制，对应用程序员而言往往要考虑一些和数据检索以及处理与任务不相干的细节，这就加重了用户和程序员的负担。

3) 关系型数据库

关系型数据库是以关系模型作为数据模型的一种数据库，它是 20 世纪 70 年代开始发展起来的一种数据库形式。与层次型数据库和网状型数据库相比，它有以下优点。

(1) 数据描述的一致性。对象及其联系均用二维表形式的关系描述，各类用户都能熟练掌握并应用关系数据库，使得应用和开发效率提高。

(2) 数据库的逻辑结构和物理结构相互独立。用户在开发应用程序时，完全不必关心数据的具体存储细节。

(3) 关系模型是建立在数学集合理论基础上的一种数据模型。关系数据库是基于关系代数来进行数据操纵的，并通过关系规范化理论来消除冗余，消除数据依赖中的不合适部分，解决数据插入、删除时发生的异常现象。

由于关系数据库在数据独立性、一致性、灵活性和用户界面等方面都优于层次数据库和网状数据库,因此,到 20 世纪 80 年代,关系数据库逐渐替代了网状数据库、层次数据库而广泛流行。自那时起,又陆续出现了各种商品化的关系数据库管理系统,如 System R、dBase\ORACLE、SQL/DS、DB2、INGRES、INFORMIX、SYBASE 等,其用户界面和总体性能都在不断改进和提高。

关系数据库和层次数据库、网状数据库一起被称为三种传统的数据库形式,它们能很好地管理结构化数据,特别适用于商务领域,然而随着应用范围的不断扩展,尤其是随着 FMS,甚至 CIMS 领域研究的不断深入,人们发现关系数据库存在以下不足。

(1) 难以对非结构化数据(如图形、NC 代码)进行管理,人们往往以文件系统为辅助手段来管理非结构化数据。

(2) 二维表无法表达如嵌套、递归等复杂结构类型,不具备演绎和推理能力,因此也就给人工智能在 FMS 中的应用带来了一定的障碍。

(3) 现有的关系数据库中实时性较差,特别是关系模型只表示应用环境的当前状态,没有将时间的概念加入到信息空间中以达到时态结束。

基于以上原因,人们开始研究一种新的数据库系统,即面向对象的数据库系统。

4) 面向对象型数据库

面向对象型数据库系统首先要以面向对象的概念和方法建立数据模型,然后要有一个支持面向对象概念和特点的数据库管理系统去实现数据库的功能。所以面向对象型数据库系统首先应该是一个面向对象系统,同时又是一个数据库系统。面向对象方法的兴起有力地促进了 FMS 技术的发展。

(1) 面向对象方法缩短了 FMS 的开发周期。面向对象技术的运用为传统工作流程的彻底改变提供了可能性,对象所具备的继承性、封装性、自主性为在 FMS 生命周期中采用迭代式开发方法、小组化协同工作模式和集成化开发平台等先进开发手段提供了基础。

在 FMS 开发过程中采用迭代式方法,按阶段在整个系统中进行反复,实现增量式开发,针对 FMS 的复杂性和开发初期的不明确性,可将动态改变的需求及时地融入 FMS 开发过程中。这样,在开发过程早期和在整个开发过程中,随时修正最终目标和功能,上一阶段的工作可以直接带入到下一阶段,减少了 FMS 开发过程的反复,缩短开发周期。

对 FMS 这样大型、复杂系统的开发,为了降低开发工作的复杂性和难度,通常将开发工作任务进行合理分割,由不同的小组协同完成,但是这种群体协同式系统开发的完整性和有效性很难得到保证,而"对象"概念的同一性和直观性,为这一问题提供了良好的解决方法。

"对象"概念的应用使系统开发历程通过抽象、封装和继承等机制实现了软件结构的高度重用。"部件库"、"集成框架"的建立对集成化软件开发平台提供了有力的支持。

(2) 面向对象方法提高了 FMS 的通用性和稳定性。传统 FMS 开发方法基本上是以功能模型为基础的解决方案,这种方法势必因功能模型的不稳定性而影响到最终 FMS 的通用性和稳定性,各种类型 FMS 功能上的差异、FMS 内部设备或布局的变化、新技术的引入都将引起原系统数据、系统方案的重构,这也是目前 FMS 通用性、稳定性较差的一个主要原因。

面向对象方法在以一般 FMS 结构为基础的同时,兼顾了系统的功能和行为。目前,面向对象方法在 FMS 中应用的研究集中在以下几个方面:

① 面向对象的集成化 FMS 模型;

② 面向对象的 FMS 集成化软件开发平台；
③ FMS 中面向对象工程数据库；
④ 面向对象技术在 FMS 网络通信中的应用；
⑤ 面向对象技术在 FMS 程序设计中的应用。

3. FMS 数据库的设计方法

FMS 数据库的设计是在软件工程的基础上进行的，其步骤一般可分为需求分析、数据库概念模型设计、数据库逻辑模型设计、数据库物理模型设计以及数据库应用系统的开发。

(1) 需求分析　需求分析的主要任务是弄清用户对整个系统的要求。在此过程中，要了解原系统的概况，尽量多地收集信息和数据，逐渐确定新系统的功能，同时不断加入新系统的数据和处理要求，并且和用户始终保持紧密的合作以及随时交流意见，旨在最全面的掌握系统的"数据"和"处理"，为下一步的概念模型设计打下基础。

需求分析通常用的工具是数据流图和数据词典。

(2) 数据库概念模型设计　数据库概念模型是整个系统中所有用户关心的信息结构，是独立于逻辑模型和具体的 DBMS 之上的。概念模型能描述现实世界中实体之间的联系，是对客观世界的一个真实写照。概念模型的描述方法要简单，使用户容易弄懂，因为概念模型是数据库开发者和用户之间交换信息的依据。另外，概念模型要易扩充、易修改、易维护，且易于向逻辑模型转化。

现在，数据库研发者们使用多种设计方法，如新奥尔良方法(new Orleans)、E-R(entity-relationship approach)方法、基于数据库范式 3NF 的设计方法、析取法和 SA/SD(structured analysis/structured design)方法等，它们之间的主要差别就在于概念模型的设计以及向逻辑模型转换的规则上。

最有影响的概念模型设计工具是 E-R 方法(E-R 图)。它是 P. P. S. Chen 于 1976 年提出的基于 E-R 方法的建模工具。之后，又出现了多种 E-R 模型的扩充模型(如 SAM)和面向对象的概念模型(如 OSAM 等)。目前，FMS 及 CIMS 应用均采用基于扩充 E-R 模型的方法来设计数据库的概念模型，实践证明，该方法在某些方面已不能满足要求。面向对象模型已是大势所趋，但目前的应用仍在研究和探索阶段。

(3) 数据库逻辑模型设计　数据库逻辑模型同数据库管理系统(DBMS)密切相关，因此在设计之前应选好最适合于应用的 DBMS，然后将概念模型转换为该 DBMS 支持的逻辑模型。

根据 DBMS 的种类，一般逻辑模型也有层次、网状、关系和面向对象之分。现在 FMS、CIMS 应用中绝大多数采用的是关系模型，同时面向对象的模型越来越受到人们的重视，但由于技术的原因，尚没有完全成功的面向对象模型的 DBMS 应用实例。

(4) 数据库物理模型设计　数据库物理模型设计的任务是实现高效率的数据存储结构和存取方法。

基于 FMS、CIMS 中越来越多地采用分布式和准分布式数据库结构形式，这就给物理模型的设计增加了许多困难。

首先，要进行关系片段设计，将全局逻辑模型水平、垂直或混合方法进行分段，然后进行片段分配设计，将这些片段具体映射到网络中各节点上。该过程要根据实际应用情况合理地安排各片段副本的冗余，这对提高系统效率影响极大。最后进行各节点上局部数据库的存储结构和存取路径的设计。

进行分布式数据库物理模型设计时,还要考虑到具体的分布式 DBMS 所提供的分布查询和分布事务管理的方法,即各节点间协同完成某一存取任务所遵循的协议,这对提高系统效率也是至关重要的。

(5) 数据库应用系统的开发　有了数据库的概念模型、逻辑模型和物理模型,就能在 FMS 中通过 DBMS 建立一个实际的数据库。然而这时的数据库系统要在整个 FMS 中起信息核心的作用,其性能还远远不够。就像一台仅仅带了操作系统的计算机一样,必须配上其他系统软件和应用软件后,才能适合具体应用的需要。

在实际的数据库基础上开发一个具体的、特定的数据库应用系统,也是 FMS 数据库开发者的任务。该数据库应用系统对外应提供友好的用户操作界面,保证各子系统所用数据的正确性,对内应维护数据库的一致性、完整性和安全性。同时,它还应提供各种有效的接口,具体包括数据库和数据库操作员之间的接口、数据库和作业计划子系统间的接口、数据库和过程控制子系统间的接口以及数据库和仿真子系统的接口等。

4.2　FMS 中的信息流网络通信

FMS 中信息流的集成通信由计算机网络技术实现,包括网络中的计算机硬件、软件、网络体系结构和通信技术等。计算机网络的发展经历了多机系统、局域网(LAN)、都市网(MAN)、广域网(WAN)及网络计算机(network computer)等主要阶段。通常,用于工业环境的分级网络包括工厂层、车间层、现场层和设备层四个层次。在 FMS 中,涉及车间层、现场层(或工作站层)、设备层。FMS 中各个组成部分的信息要依靠计算机网络来进行交互和集成。这种网络具有一般局域网的共同特征,但它又具有特殊性。其中,最显著的就是在工业局域网中包含有大量智能化程度不一、来自不同厂商的设备,这些设备相互之间无法进行数据交换,因此,整个网络的开放性问题就显得尤为突出,这就需要研究 FMS 中的信息流网络通信。

4.2.1　FMS 网络结构及通信特点

FMS 中的计算机网络就如同神经网络系统传送信号一样,能将数据准确、及时地送到相应的设备上,从而对设备进行有效控制和检测。常用网络的拓扑结构有星形网络、环形网络、树状网络及总线型网络等。

柔性制造系统网络属于工业型局域网(LAN)范畴,网络技术是实现 FMS 信息集成必不可少的基础。图 4-3 所示为 FMS 单元网络物理配置示意图,主要有单元控制器、各工作站控制器等,下面分析一下它的物理结构。

(1) 单元控制器与工作站控制器之间一般用 LAN 连接。选择的 LAN 应符合 ISO/OSI 参考模型,网络协议最好选用 MAP3.0。如果条件不具备,也可以选用 TCP/IP 与其他软件相结合的方式,如以太网 Ethernet 标准。

(2) 工作站控制器与设备层之间的连接可采用多种方式。一是直接采用 RS-232C 或 RS-422 异步通信接口;二是采用现场总线;三是使用集中器将几台设备连接在一起,再连接到工作站控制器上。

FMS 网络是一种由用户根据需求而实现的特定网络,是支撑 FMS 系统功能目标的专用工业计算机局域网系统。它具有以下特点:

(1) FMS 网络覆盖了 CIMS 结构中的车间、单元、工作站和设备层,这些层次上的信息的

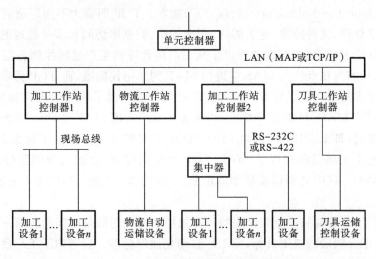

图 4-3 FMS 单元网络物理配置示意图

特征、交换形式和要求各不相同,因而选用的通信联网形式和网络技术也不相同。此外,为了满足 CIMS 整体系统信息集成的要求,还要考虑 FMS 同 CIMS 上层(主要是工厂主干网)系统的通信要求,因此,制造自动化系统(manufacturing automation system,MAS)网络是嵌入到一个由若干应用服务类型不同的局域子网互联的集成环境中的计算机网络。

(2) 即便在 FMS 子网络内部,由于近年来局域网产品发展迅速,在通信协议、网络拓扑结构、访问存取控制方法及通信介质等方面都有差异,这就阻碍了不同类型网络的互联,特别是在底层设备的通信方面,标准化程度也不尽如人意。因此,FMS 网络实际面临着不同供应厂商提供的通信及联网产品的互联问题。从这种意义上看,FMS 网络是由"异构"、"异质"的通信接口互联的集成,这是 MAS 网络需要实现的关键技术之一。

FMS 从通信需求看可分为四个方面,即网络访问与系统支持、信息格式与共享、底层通信支持、加工设备(如机床)的监控。网络访问与系统的通信要求要完成连接 FMS 环境下分布的各种(包括异构的)设备,并实现网络管理的若干功能。信息格式化与共享的通信需求是为了使不同的机床加工设备及辅助设备能共享数据。加工设备监控的通信需求是为了能够远距离地控制加工设备的运行,采集加工过程中的实时信息、机床运行状态以及输出故障报告等。

4.2.2 MAP/TOP 网络通信协议

基于 IEEE802 委员会对于 MAS 等所需要的工业生产数据通信和联网并无具体规定,而 IEEE802 中有关管理决策与办公室自动化的标准不能很好适应制造企业生产现场的恶劣环境以及生产设备通信的高可靠性和实时性等方面的要求,美国通用汽车公司(GM 公司)从 ISO/OSI 体系结构及 IEEE802 等有关计算机网络通信的协议中选用和增加了制造业生产自动化通信联网的局域网协议,称为制造自动化协议(manufacturing automation protocol,MAP),并于 1982 年推出了 MAP1.0 版本。MAP 期望在异构的计算机、可编程控制器、NC 机床、机器人等自动化设备之间建立有效的信息传输(包括数据文件、NC 程序、控制指令、状态信号等)标准。MAP 的提出为 MAS 数据通信标准奠定了基础。美国波音(Boeing)公司根据其在工厂之间、办公室之间以及办公室和工厂之间需要交换大量飞机设计、制造数据的需求,研究了适应于制造业工程技术和办公自动化的局域网协议标准,并于 1985 年推出了第一个 TOP1.0(technical and office protocol,TOP)版本。TOP 期望为不同厂家的计算机和可编程设备提供文字处理、文件传输、电子邮件、图形传输、数据库访问和事务处理的服务标准。

MAP 与 TOP 相结合,为制造业提供了从工厂层管理到生产过程控制各层数据通信的标准协议。因此,目前的观点认为 MAS 应遵循 MAP 网络协议标准,而 TOP 提供了车间以上工程设计和企业管理网络的协议标准。MAP/TOP 的产生引起了国际工业界的极大兴趣,美国制造业首先成立了 MAP/TOP 用户协会,以完善和推广应用 MAP/TOP。欧洲的信息技术研究与发展战略规划(即 ESPROT)也对 MAP/TOP 的研究及应用倾注了极大的人力和物力。其他一些国家的工业部门也开展了 MAP/TOP 的应用研究,并加入到国际性的 MAP/TOP 用户协会中。MAP/TOP 之所以发展如此迅速,并成为事实上的 CIM-NET 标准,主要有以下几个原因:

(1) MAP/TOP 是以制造业为代表的计算机用户从应用的角度提出的第一个制造业通信网络协议,它有十分明确的应用目标,即工厂自动化通信标准。它考虑了工厂底层自动化设备的各种复杂的连接情况,而高层协议中包括了丰富的服务和协议,以满足各种应用的需求。故与其他协议相比,MAP/TOP 在工业领域具有竞争优势。

(2) MAP/TOP 得到了广大计算机、通信设备制造商的积极响应和大力支持。一些著名的厂家,如 IBM、HP 和 SIEMENS 等公司除积极响应 MAP/TOP 标准外,还参与了 MAP/TOP 协议的开发和修正,使其生产的各种设备符合 MAP/TOP 标准。

(3) MAP/TOP 坚持以国际公认的 ISO/OSI 体系结构为基础,从而使 MAP/TOP 与其他 OSI 开放系统保持了较好的兼容性。

如果将 CIMS 环境中各个独立的、局部的自动化系统视为自动化孤岛的话,依据 MAP/TOP 协议开发的计算机网络则成为这些孤岛之间的桥梁,实现了从设计到制造、从生产到管理的真正沟通。

图 4-4 所示为基于 MAP/TOP 体系的企业网络组成。TOP 网络支持办公自动化应用,例如人事、财务和市场决策等系统的运作。MAP 网络支持生产自动化应用,全 MAP 网络支持车间和部门之间的生产调度等,最小 MAP 网络支持生产设备与单元控制器之间的指令和响应的交换,增强型 MAP 节点实现全 MAP 网络和最小 MAP 网络之间的互联操作。

图 4-4 基于 MAP/TOP 体系的企业网络构成

4.3 FMS 实时调度与控制决策

FMS 的设计和运行涉及多个方面,其中 FMS 调度是 FMS 中最主要的组成部分,也是影响 FMS 柔性和设备利用率的关键因素。本节对 FMS 调度的基本理论和控制决策系统作简要介绍。

4.3.1 FMS 调度的基本理论

FMS 调度是指在 FMS 环境下,在给定的时间周期内给工作站分派作业的一种决策过程。FMS 调度是实时的动态过程,它对生产活动进行动态优化控制。其实质是以诸如系统利用率、平均流通时间、平均延迟等参数作为系统评价指标,安排出使某个或几个评价指标最大(或最小)的工序顺序。目前,有关 FMS 调度研究的文献较多。然而,由于决策依赖于状态的 FMS 调度非常复杂,其可解性仍是一个值得在理论上和实际中不断研究、探讨的问题。主要体现在以下几个方面。

(1) FMS 调度的基本问题是作业与资源的优化匹配问题,在计算上属于非确定性多项式求解问题,目前切合实际的算法尚待进一步研究。

(2) 作业调度中常出现多目标冲突问题,这给理论方法的应用带来了新的困难。

(3) 调度方法的解析性很差,难以直接引用现有的控制理论方法。

(4) CIMS 环境下,FMS 动态调度与 CAD、CAPP、MIS 等的协作关系有时不很清楚,从而给 FMS 调度问题增加了难度。

1. FMS 实时调度特点

FMS 调度问题是从传统的生产车间的调度问题发展而来的。FMS 调度与传统的生产车间的调度相比,其最大的区别在于 FMS 具有独特的高速传输线和加工柔性。由于 FMS 调度需要考虑可变加工路线、工序顺序和缓冲存储器规模的限制等特殊系统特征,因而要求更高。

FMS 调度的结构层次如图 4-5 所示。调度的结构层次范围是从顶层的调度决策到详细层的调度决策。顶层调度决策强调整个时间内对生产和工厂的各种操作计划,这些操作包括零件的选择、资源(如加工设备)的计划以及工序的生成等。该层的目标是对多功能领域各种活动的协调。此调度功能的输出是计划草案或主生产计划,它用于设置生产目标,并且作为生产评估、计划和采购资源的基础。在详细层,调度控制着每日的生产计划,并且提供达到生产目的的措施,找出作业的最优线路,并且高效地利用资源,而后者往往受到环境和时间的约束。按照交货期时间和地点等约束来分配作业,要考虑到资源的类型、数量和位置、加工的优先顺序等。

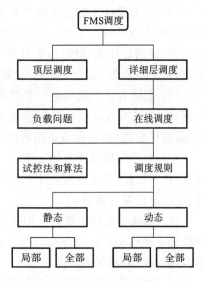

图 4-5 FMS 调度的结构层次

FMS 的实时调度是将一定数量的工件合理地分配给 FMS,实时调度是在系统加工过程中进行的,它是根据系统当前的状态及预先给定的优化目标,动态地安排零件的加工顺序,调度管理系统资源。实时动态调度可分为对被加工对象的动态排序与对系统资源生产活动的实时动态调度两类。

(1) 在一台加工设备上有多个零件排队等待加工的情况下,调度系统要根据系统的状态和预先确定的优化目标,确定这些零件的加工顺序。

(2) 由于制造系统随时可能发生一些不可预测的情况(如设备故障、刀具破损等),可能打乱原先的静态调度。

用动态调度系统对 FMS 进行生产的调度和控制，是 FMS 设计和运行中的一个必不可少的组成部分。动态系统中，各种工件在随机的时刻不断地进入系统进行加工，同时又不断有完成加工的工件离开，因此，它不能像静态调度那样一次完成排序而在以后的整个加工过程中不再改变。

FMS 的调度使系统在实时状态下能高效地运行，因此单元控制器必须在系统运行过程中随时作出各种决策，从而控制 FMS 的后继活动，这些决策是基于调度规则对设备、工件和刀具等的选择。由于 FMS 是一个离散事件系统，在两个事件之间其实际系统的状态是保持不变的。因此，整个系统可以动态描述成通过推进一个事件到下一个事件的仿真时钟。FMS 中，事件的发生点也是调度和控制系统的决策点，而在各个时间点上实时调度系统可能有不同的决策内容。

2. FMS 调度决策

由上所述，FMS 的实时动态调度是一项非常复杂的任务。首先，在进行调度之前必须搜集相对完整的系统实时状态数据，并对数据进行分析，在数据分析的基础上才能作出适当的决策，并尽可能选择最优的决策方案。柔性制造系统中，通常有如下的决策点。

(1) 工件进入系统的决策点　根据系统的作业计划，决定应向系统输入哪类工件。决策规则包括工件优先级、工件混合比、工件交货期、托盘应匹配某种工件、先来先服务等。

(2) 工件选择加工设备的决策点　根据加工设备的负荷和工件加工计划，决定在能够完成工序的各替代加工设备中选择一台合适的加工设备。决策规则包括确定性设备、最短加工时间、最短队列、最早开始时间、加工设备优先级等。

(3) 加工设备选择工件的决策点　根据系统的加工负荷分配，决定某时刻加工设备应该从其队列中选择哪个工件，它可以决定各工件在加工设备上的加工顺序。决策规则包括先到先加工、后到后加工、最短加工时间、最长加工时间、宽裕时间最短、宽裕时间最长、剩余工序最少、剩余工序最多、最早交货期、最短剩余加工时间、最长剩余加工时间、最高优先级等。

(4) 运输方式的决策点　根据申请小车服务的对象的优先级或小车与服务对象的距离等因素，决定在所有申请小车服务信号中响应哪个信号。决策规则包括先申请先响应、就近响应、最高优先级、加工设备空闲者等。

(5) 工件选择缓冲站的决策点　根据工件下一加工设备与缓冲站的位置以及缓冲站空闲情况，决定工件(装夹在托盘上)选择哪一个缓冲站。决策规则包括固定存放位置规则、就近存放、先空的位置先放等。

(6) 选择小车的决策点　根据小车的空闲情况和其当前位置，决定在多辆小车的条件下选择哪一辆小车。决策规则包括固定小车运输范围的规则、最早空闲的小车、最低利用率、最短到达时间、最高优先级等。

(7) 加工设备选择刀具的决策点　根据刀具的使用情况和刀具的当前位置等，决定在能够完成工序加工的刀具中选择哪一把刀具。决策规则包括刀具的利用率最低、刀具的距离最近、刀具的使用寿命最长等。

(8) 刀具选择加工设备的决策点　根据机床上加工零件的情况和机床本身的特点，决定有几台机床争用同一把刀具时，刀具用到哪一台机床。决策规则包括最早申请刀具的加工设备优先、加工设备利用率最低、加工设备上零件加工时间最短、加工时间最长、剩余工序数最少、剩余工序数最多、剩余加工时间最短、剩余加工时间最长、优先级最高、工件交货期最早等。

(9) 刀具选择中央刀库中刀位的决策点　根据刀具从当前位置到中央刀库的距离或该刀具下一步应在哪台机床上使用等情况,决定从刀具进出站或加工设备上运送到中央刀库的刀具存放在刀库的哪一个刀位。决策规则包括固定位置规则、随机存放、就近存放等。

(10) 机器人运送刀具的决策点　根据申请服务对象的情况,决定在所有申请刀具机器人服务信号中响应哪个信号。决策规则包括先申请先响应、最高优先级、加工设备利用率最高、加工设备利用率最低、最早交货期、就近响应等。

3. FMS 调度规则

由于动态调度实时性的要求,通常难以用运筹学或其他决策方法在满足生产实时性要求的情况下求得问题的最优解。所以,在动态调度中人们广泛研究和采用从具体生产管理实践中抽象提炼出来的若干经验方法和规则进行调度,即解决前面提出的需要决策的问题。常用的调度规则如下所述。

(1) 处理时间最短 SPT(shortest processing time)　该规则使得服务台在申请服务的顾客队列里选择处理时间最短的顾客进行服务。例如,加工设备选择工件时,首先选择所需加工时间最少的工件进行加工,小车、机器人在响应服务申请时,首先响应运行时间最短的服务对象等。

(2) 处理时间最长 LPT(longest processing time)　该规则使得服务台在申请服务的顾客队列中选择处理时间最长的顾客进行服务。例如,加工设备首先选择加工时间最长的工件进行加工,小车、机器人首先响应运行时间最长的服务对象等。

(3) 剩余工序加工时间最短 SR(shortest remaining processing time)　该规则使得服务台在申请服务的顾客队列里选择剩余工序加工时间最短的顾客进行服务。例如,加工设备首先选择剩余工序加工时间最短的工件加工。

(4) 剩余工序加工时间最长 LR(longest remaining processing time)　该规则使得服务台在申请服务的顾客队列里选择剩余工序加工时间最长的顾客进行服务。例如,加工设备首先选择剩余工序加工时间最长的工件加工。

(5) 下道工序加工时间最长 LSOPN(longest subsequent operation)　该规则选择下一道工序加工时间最长的工件首先接受服务,其目的是使该工件尽早完成当前工序,以便留有充足的时间给下一道工序。

(6) 交付期最早 EDD(earliest due date)　该规则确定交付日期最早的工件最先接受服务,以期该工件尽早完成整个生产过程。

(7) 剩余工序数最少 FOPNR(fewest operation remaining)　该规则选择剩余工序数最少的工件首先接受服务,以便该工件尽早完成加工过程,使系统的在制品数减少。

(8) 剩余工序数最多 MOPNR(most operation remaining)　该规则选择剩余工序数最多的工件首先接受服务,以便该工件能有足够的时间完成这些剩余工序的加工,从而尽量避免工件完成期的延误。

(9) 先进先出 FIFO(first in first out)　该规则规定先到达队列的顾客先接受服务。例如,先到达加工设备队列的工件先接受加工,先申请小车、机器人服务的设备(或工件、刀具)先接受服务等。

(10) 随机选择 RS(random selecting)　该规则为在服务队列中随机地选择某一顾客。

(11) 松弛量最小 SLACK(least amount of slack)　该规则选择松弛量最小的工件首先接受服务,工件松弛量＝交付期－当前时刻－剩余加工时间。显然,若工件的松弛量为负,则肯定该工件已不能按期交货。

(12) 单位剩余工序数的松弛时间最小 SLOPN(least ratio of slack to operation)　该规则选择每单位剩余工序数的松弛时间最小的工件首先接受服务。单位剩余工序数的松弛时间＝松弛时间/剩余工序数。显然，SLOPN 值越小，则工件需完成剩余工序加工的紧迫感越强。

(13) 下道工序服务队列最短　该规则优先选择这样的工件，即完成该工件下道工序的设备请求服务的队列最短。

(14) 下道工序服务台的工作量最小　该规则优先选择这样的工件，即完成该工件下道工序的设备的工作量最小。

(15) 组合规则　该规则的目标是利用 SPT 规则，但优先加工那些具有负松弛量的工件。

(16) 优先权规则　优先权规则设定每一工件、设备或刀具的优先等级，优先响应优先权等级高的申请对象。

(17) 确定性规则　确定性规则指选择的对象是指定的。例如，工件按指定的顺序进入系统、工件送到指定的加工设备、缓冲区中的托盘站以及选择指定刀具等。

(18) 利用率最低规则　利用率最低规则是首先选择队列中利用率最低的服务台进行服务。例如，利用率最低的加工设备优先选择工件进行加工，利用率最低的刀具首先被选用等。

(19) 启发式规则　启发式规则是人们从长期的调度实践中抽象提炼出来的经验方法和规则，它是取得可行或较好解的一种常用方法，常用于无法用运筹学方法求得最优解的情况。

4. FMS 实时调度中的几个关键问题

(1) 建模的复杂性　FMS 资源调度是一个典型的难以求解的问题，与传统生产车间的调度不同，它需要有效管理的资源种类很多，除 CNC 机床外，还有刀具、夹具、物料传输机器人、托盘、工件缓冲站等。由于 FMS 属于离散事件动态系统的范畴，每一时刻系统的行为依赖于众多资源复杂交互的状态(如并发、异步、死锁等)，因此模型应尽可能全面地抽象表示出各资源因素及其复杂交互机制。另外，建模过程中还应考虑许多柔性因素，如路径的柔性、生产计划的改变等。

(2) 决策多样性　由于零件加工存在多种工艺路线，工件在系统中的加工流程是可变和可选择的，因而，在 FMS 运行过程中需要作出多种决策，如确定工件应何时送入系统，确定工件加工路径并选择各类资源(机床、传输设备等)，各资源对工件处理顺序的调度等。随着模型中考虑因素的增多，调度要做的决策也相应增多，一般应采用递阶方案解决，如何安排各决策在递阶方案中的位置也是一个值得考虑的问题。

(3) 动态性要求　FMS 是一个动态系统，调度应能实时地对资源进行管理，及时处理由于机器维护、机器故障、急件插入等各种异常工况给系统带来的影响，始终保证系统处于最佳状态。

(4) 不确定因素的存在　FMS 调度中存在不确定性因素，主要表现在以下几个方面。

① 目标的不精确性。宏观上调度目标往往是不清晰的，多个目标之间甚至可能相互矛盾。例如，一些常用的目标有：在交货期之前完成；降低在制品库存量；提高系统生产率；降低调度对随机事件的敏感度，提高柔性。其中，各目标之间就存在矛盾。对多目标进行恰当表示和处理是 FMS 调度中值得注意的问题。

② 环境的动态性和随机性。例如，加工计划突然改变，各加工任务时间不是严格确定的，机器在运行中往往会发生一些故障。

所有这些实际应用中的具体情况，使调度问题复杂多变，也使这一问题的解决变得更加困难。

4.3.2 FMS 的控制决策系统

FMS 的控制决策包括数据文件、调度规则、计算机视觉识别信息调度模块等。数据文件包括加工任务、加工命令、原材料等。柔性制造系统以事件的发生和停止为特征,并由事件支持整个系统的活动。能否使系统的状态发生改变取决于其触发条件是否满足。系统中不同任务可以同时向同一资源设备提出服务请求,例如多个工件申请机床加工、多个运输任务申请 MHS(materials handing system)服务等,实际运行时系统资源只能为一个任务服务,这就存在资源竞争问题。另外,由于加工零件多种工艺路线的存在,工件在系统中的加工流程是可变和可选择的。基于这些原因,FMS 运行过程中存在多种决策和控制问题,系统的总体性能与控制决策是分不开的。调度模块根据系统所要求的优化目标,动态地根据下级送上来的反馈信息和系统的状态数据,决定下一步执行哪一道工序,并协调各加工设备的加工活动。

要使柔性自动化制造系统在其运行过程中取得预期的效果,关键就在于实现系统的优化控制。为此,必须对系统的决策控制结构及其功能要求进行认真分析研究,从而设计开发出一个可靠的、能满足各种控制功能要求的系统控制软件。

1. 对 FMS 控制结构的要求

一个柔性制造系统的控制与监控功能包括各种不同形式的任务。考虑到柔性制造系统将来的发展,其控制结构应当具有如下一些新颖的特征。

(1) 易于适应不同的系统配置,最大限度地实行系统模块化设计;
(2) 尽可能地独立于硬件要求;
(3) 对于新的通信结构以及相应的局域网协议(如 MAP、现场总线)具有开放性;
(4) 可在高效数据库的基础上实现整体数据维护;
(5) 对其他要求集成的 CIM 功能模块备有最简单的接口;
(6) 采用统一标准,包括硬件和软件方面;
(7) 具有友好的用户界面。

目前,各种已开发使用的 FMS 控制软件,往往都是一种特定的专用解决方式。因此对于制造系统的布局变化或很一般的生产过程变动就要求控制软件作相应的调整,很大部分的程序往往必须重写。为此,必须根据生产的不同需求,实现一种分散型的控制系统。在该系统中不同部分之间的接口应该是清楚的。这将为用户提供灵活使用 FMS 控制系统的可能性,他们可根据各自的使用环境条件进行组合,从而使控制软件与生产过程达到最佳的匹配。

在开发软件时,软件及所采用的数据结构应分成两个部分,一个是与用户无关的,而另一个是可由用户定义的。因此,在软件开发阶段就应考虑设置一些透明的接口,构造一个可通用的部分,以便经过部分专门编写的程序能扩展到一些特定的装置上,以适应新的使用场合。数据库系统是软件开发中的一个重要部分。现在一般采用的是一个关系型的,有时是分布式的数据库。利用这种数据库系统应当能够保证各个使用者通过一个确定的标准接口来存取生产控制中出现的各种数据。用户所选择的数据库不但应保证是一个能最佳满足使用要求的数据库系统,与此同时还应当是一个先进的通信系统,这既包含计算机之间的通信联系,又包含计算机与机床之间的通信联系。

2. FMS 管理与控制系统的结构

典型 FMS 控制结构可表示为如图 4-6 所示的分层递阶结构,它由物理级和控制决策级组成。FMS 的物理级即车间配置,包括加工中心等各种资源设备和加工对象;各资源设备和加工对象以不同的状态存在于 FMS 中,从而构成了加工过程的各种状态,对 FMS 的调度和控制就是对资源设备和加工对象的协调。FMS 的控制决策级包括数据文件、调度规则、计算机视觉识别信息调度模块等。数据文件包括加工任务、加工命令、原材料等。柔性制造系统以事件的发生和停止为特征,并由事件支持整个系统的活动。另外,由于加工零件多种工艺路线的存在,工件在系统中的加工流程是可变和可选择的。所以,FMS 运行过程中存在多种决策和控制问题,系统的总体性能与控制决策是分不开的。调度模块根据系统所要求的优化目标,动态地根据下级送上来的反馈信息和系统的状态数据,决定下一步执行哪一道工序,并协调各加工设备的加工活动。

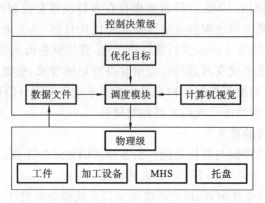

图 4-6 典型 FMS 控制系统的分层递阶结构

各个软件模块应构成一个可灵活组合的控制软件,以适应将来的各种要求。这一点对于所包含的各个模块应都是适用的,不管它们分别承担何种功能。

控制软件系统是一个集成化 FMS 网络管理与控制系统,它由各功能模块组成,其中包括基本管理与控制模块、决策规则模块、网络通信协议 IPX/SPX、应用程序接口 API 和各控制功能模块,其结构如图 4-7 所示,整个控制软件可选用 C 语言编程实现。

基本管理与控制系统担负着整个集成化软件系统中各软件模块的管理和相互通信功能。决策规划模块通过状态变量将系统内所有功能块之间的顺序和并发事件联系起来,对整个 FMS 的协调、高效和高柔性的运行起着重要作用。

3. FMS 的运行控制系统

1) FMS 的作业计划管理

(1) 作业计划调度　首先将加工任务单输送到计划管理计算机中,主要内容有加工任务单号、零件号、工件数和完工期限,加工任务可以按一种零件的批量完成或几种零件混合完成,如图 4-8 所示。通常需要对几种加工任务单作出适当的安排,以便所生产出的零件能配套装配。

作业计划编制的基本原则是在系统中尽可能减少随行夹具的情况下提高机床的负荷率,并缩短加工任务的通过时间。具有最高优先权的加工任务可以首先加工。在任务安排过程中要检查所需的数控程序,随行夹具和其他基本数据是否都已存在。如果没有,则向操作员发出提示信息,即在显示器屏幕上显示或通过打印机打印提示信息。

如果操作员确认所缺的资源能及时获得补给,则此项加工任务可被系统接纳和调度,只要在系统中有空闲的加工能力和物料,那么作业调度过程就应反复运行。在实际投放加工任务时,要再次检查机床的可用度和物料的准备情况。

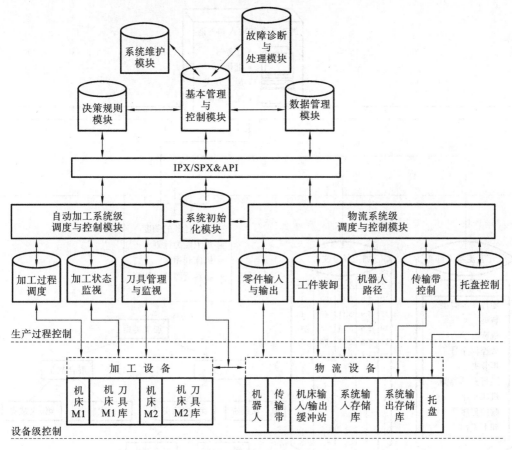

图 4-7 FMS 管理与控制集成软件系统结构

(2) 刀具需求计划 对于已经安排好的加工任务,要编制刀具需求计划,一般采用两种方式,如图 4-9 所示。

① 计划需求。从数控程序的刀具清单中得到刀具的标识号和每次调用刀具的使用时间,刀具基本数据库中存放了所有系统中已知刀具的寿命值。由此通过数据的连接,得出了刀具的净需求量,并在屏幕上作出提示,操作者对添置刀具的可能性作出及时的应答。计划需求一般在作业计划编排好后立即进行。

② 实际需求。在加工开始之前,考虑到机床刀具的剩余寿命应对需求重新进行核算。刀具的净需求量清单和已在机床刀库中的刀具清单是以刀具装卸清单形式输出的。实际需求计划一般在加工任务开始之前进行。

(3) 刀具预调 在管理计算机上可以连接一台刀具预调仪,从基本数据文件中得到的要调整刀具的理论值输到刀具预调仪,由刀具预调仪测得的刀具实际值或者修正值在线传递给管理计算机。在调换刀具时,每一把刀具的修正值可由机床控制系统调用。

2) FMS 的过程协调控制

(1) 工件流控制 工件流的控制和管理如图 4-10 所示。它包括随行夹具的安装和调整、工件装夹、输送控制。

① 随行夹具的安装和调整。工件随行夹具是由托板和工件专用夹具组成的。在夹具调整工位或装卸工位上,针对具体工件的安装过程由计算机通知操作者。

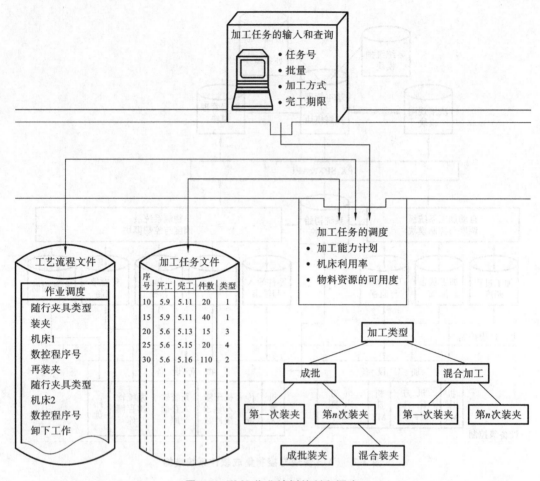

图 4-8 FMS 作业计划编制和调度

如果夹具已经安装和调整好,那么就必须对零点设定(基准)进行测量检验,并且通过人机对话将其传输给控制系统。零点设定是随行夹具的基本数据之一,并且在需要的情况下对加工机床预先作出规定。系统将每个操作步骤通过屏幕显示告诉操作员。

② 工件装夹。在一个柔性制造系统内,可以有几个工件装卸站,每个装卸站可以由多个装夹工位组成。在这些装夹工位上,通过人机对话进行工件的装夹、再装夹和卸出。装夹顺序是按照工艺流程进行的。

在作业调度时规定的最高优先权的加工任务是首先进行装夹,物料流控制将一个在首次装夹后已加工完毕的工件再送回装夹站,下次装夹所需要的托板自动地被送到装夹站。物料流控制将最后一次装夹后加工完毕的工件送到装夹站,工件被卸下,托板就可以再次被装上另一个工件。在所有的装夹与加工操作结束后,就可以获得工件的状态数据。在工件再装夹和卸下时,质量评定报告给出工件合格、返工或者次品。在屏幕上显示出已加工好的工件数和待加工的工件数。

③ 输送控制。输送控制用于控制和监视系统中已装有或未装有工件的随行夹具的输送。由输送命令调度输送步骤的进行,输送系统完成源工位与目标工位之间的物料输送。源工位和目标工位可以是装夹工位、机床、清洗站和测量站。在一个加工步骤结束后,工位上的专门程序(如机床程序、装夹人机对话)就向物料流控制提出输送请求,并按照先入先出的原则由物

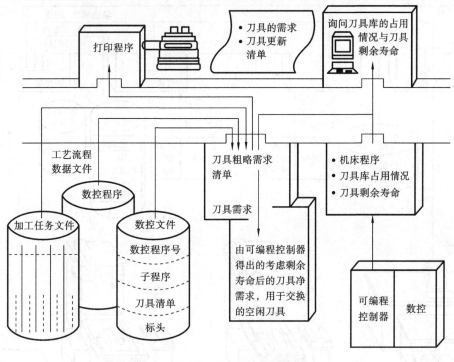

图 4-9 刀具需求计划

料流控制完成输送任务。在输送过程中,物料流控制还将及时采集输送出发点和目标站、随行夹具以及工件的状态数据。

(2) 数控程序的管理 包括机床和数控程序的管理。

① 机床程序管理。在柔性制造系统中机床程序接收所有的传送给机床接口的任务。这些任务具有在线功能,处理的内容有:数控功能、刀具数据、中断加工的警报和报告,以及重新启动时的过程协调等。

② 数控程序管理。为快速且及时传送机床的数控程序,理想情况是将 NC 数据直接从编程工作站传送到要控制的 NC 机床中去。它具有 NC 程序管理和传送功能。

(3) 刀具流控制 刀具流控制是在中央刀库和机床刀库之间实现有序的刀具交换。在工件到达之前,机床程序应检查刀具情况,明确是否所有的刀具已在机床刀库中或不在机床刀库而在中央刀库中。如果不具备上述两个条件,则该工件不能加工,应退出系统。如果只具备后一个条件,则需要进行刀具交换。

将刀具输送至相应机床的时间控制是通过可编程控制器实现的。在数控程序的标识中,可编程控制器获知进行刀具交换的信息,从而刀具流控制系统发出刀具交换指令,然后,向刀具输送装置传输刀具位置的坐标,以便该装置移向相应位置抓取所需的刀具,送到机床并装到机床刀库中。实际换刀的过程还要考虑中央刀库的管理程序功能,它包括存放刀具的位置管理、现有加工任务所需的刀具检索及机床占用刀具的信息。通常采用条形码作为刀具标识码,利用激光阅读与计算机连接。

3) 加工过程监控

为了保证柔性制造系统安全、可靠地运行,通常采用以下过程监控措施:刀具磨损和破损的监视;工件在机床工作空间的位置测量;工件质量的控制;各组成部分功能检验及故障诊断。

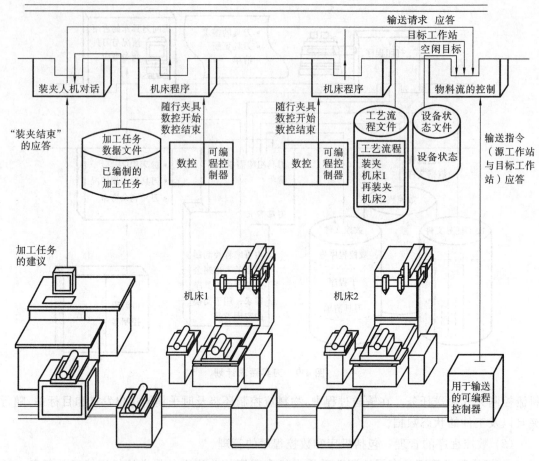

图 4-10 工件流的控制和管理

图 4-11 所示为 FMS 的加工过程监控功能构成框图。

FMS 的过程管理控制通过对系统各组成部分、导致停机的事件和假定的早期识别出的废品监视,来采取相应的对策,以增加系统的有效性。

(1) 集成化的刀具监视　刀具监控系统的目标是在废品可能产生前检测出破损和有缺陷的刀具,以免造成机床、工件和夹具的破损。为此,刀具监视系统必须考虑到柔性制造和各种加工技术的特殊要求。各种各样的刀具、工件材料和加工工艺的组合,中小批量零件生产乃至单件生产,以及姐妹刀、多轴钻头、细长钻头、丝锥、铰刀、镗刀等的使用,这些均表明了使用刀具监视系统具有复杂的边界条件。可见,一个能用于不同机床运行的通用监视系统是不存在的,必须提供某些在功能上相互补充的监视系统以满足应用的需求。此外,刀具寿命监视通过 CNC 系统来得到刀具工作的时间范围,这可通过传感器直接或间接地检测刀具状态而得到。

在加工过程中使用监视主轴驱动器的有效率、加工中的切削力或者使用一些结构振动分析的方法来监视系统的工作过程。随着力测量传感器和超声传感器的应用,不仅可用于测量极限值,而且还可测量破损特征力曲线,这样便有了更可靠和更全面的破损监控功能。

(2) 工件的监视系统　工件监视系统是指对工件的识别、具有零偏置的工件位置确定、加工过程中工件质量的检查。同期望的几何形状间的偏差可通过机床工作区域、接近系统的测量区域或测量机的测量装置来确定。

测量探针一般适用于识别工件、探测未加工零件的位置及用来核查加工的下一步操作的

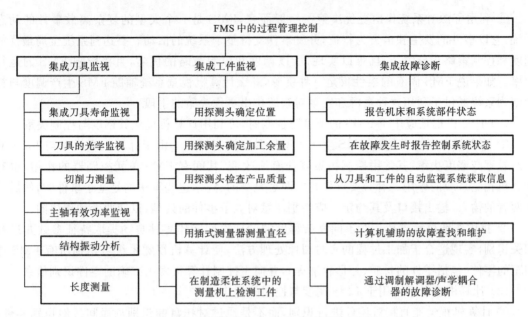

图 4-11　FMS 的加工过程监控功能构成框图

可能,例如核对一个孔是否适用于接下来进行的螺纹加工操作。在将来,测量机将作为独立的测量单元和完全集成的测量组件而得到广泛应用。为了能够快速和正确地测量,测量机必须要连接到制造系统中,以便能及时交换信息。

(3) 故障诊断系统　柔性制造系统中完整的过程监控包含故障诊断功能,即对加工中心功能和所有系统部件进行持续监视。在这种情形中,这些智能过程的功能在系统控制单元的过程控制级进行监视,所有发生的故障均被记录在一个诊断文件中,并对此进行评估后在控制面板上报警显示。专家诊断系统将为操作人员提供不断增加的支持,对故障进行模拟研究,实现快速故障诊断,从而找到快速确定和消除故障的可能方法。

4) 计算机视觉用于 FMS 的调度与控制

视觉系统是一些 FMS 的辅助系统,在物理结构上,它属于工作站级,但在控制结构中它则高于工作站级,并在 FMS 单元控制器的控制之下工作,辅助单元控制器对 FMS 进行生产管理与调度。加入计算机视觉系统后,相当于给 FMS 加入了一个反向即自下而上的信息流向,实时反馈在输入/输出缓冲站中对零件的辨识结果,并作出相应的控制决策,把辨识结果反馈给 FMS 单元控制器,以确定进一步的加工任务。

计算机视觉参与 FMS 整个加工过程的调度与控制决策,对所加工零件的毛坯、半成品零件进行材质、外形等参数识别,根据作业计划和所要加工零件的种类和数量,辅助 FMS 主控制计算机对每个加工零件的加工任务(加工程序)和加工设备发送相应的控制指令,控制机床的加工和机器人以及传送带组成的物流系统的动作,从而实现各种零件的同时加工和辅助FMS 生产的柔性和智能管理与控制。

(1) 计算机视觉参与 FMS 的调度与控制的主要应用。

① 全局资源动态分配　FMS 调度与控制问题实质上是对 FMS 生产过程进行动态管理与控制,把 FMS 中各种设备处于空闲状态造成的资源浪费和效率低下减小到最低限度,达到以多品种、中小批量生产方式逼近大批量生产效益。这就需要对全局资源进行合理的和动态的分配。

② 利用资源对系统作出更优决策　一般而言,FMS 是一个大型的复杂离散事件的动态系统,它以事件的发生和消失为特征,并发事件支持整个系统的活动。要达到系统全局最优的调度和控制策略十分复杂,且难以实现,所以调度和控制策略的优劣,直接影响 FMS 的运行效率。如果说 FMS 固有的柔性仅是一种资源,那么计算机视觉系统辅助 FMS 生产调度与控制则为系统提供了利用这种资源和实现对系统作出更优决策的手段。

(2) 计算机视觉应用于 FMS 的调度与控制时,可利用计算机优化其调度与控制决策。

① 建立基于视觉系统的 FMS 生产管理与调度控制算法。由于计算机视觉参与 FMS 的生产管理与调度决策,其常用控制决策算法有所改变,其间有 FMS 单元控制器的作用,也有计算机视觉系统的作用。有必要首先建立两者自身的算法,这些算法均是基于事件的,然后建立两者的输入/输出接口及其约定。应特别注意对竞争事件的处理,以使两者动作协同。

② 提供在线决策支持。对不同复杂程度的阶梯类回转体零件自动提取特征参数并进行相关识别,实现适合于加工过程的实时图像处理方法,使计算机视觉系统可识别所有 FMS 能加工的零件(包括零件的材质、外形轮廓等),并向主控制计算机发出准确的零件识别信息。

(3) 计算机视觉系统用于 FMS 调度与控制的优势。

① 计算机视觉能直接对零件进行识别,而不是通过对托盘的识别从而间接地识别零件,因而能判别和检测人为造成装载错误零件和装夹位置的不准确,托盘可以在系统内任意位置移动,不用等待某一特定零件,从而提高了托盘的利用率。

② 计算机视觉能在线监视生产过程,直接识别零件的外形,进而确定其加工任务和设备,并对零件进行分类,因而能同时加工不同种类的零件,从而可平衡加工设备的负荷,提高加工设备的利用率。

③ 能同时加工多种不同的零件,能按产品的要求实现不同种类和数量零件的并行生产,使产品装配和零件生产准同步进行,从而缩短加工周期,减少加工过程的库存量。

④ 计算机视觉有效引入人工智能方法,对生产过程提供信息反馈,参与 FMS 的调度与控制决策,优化 FMS 调度与控制决策。

由于计算机视觉能及时提供加工过程的反馈信息,为提高 FMS 全局资源利用率提供决策依据,是实现 FMS 同时加工各种零件的关键所在。另外,计算机视觉还能辅助生产管理与控制,优化性能,简化控制结构。因此,它的调度与控制决策的性能将直接影响 FMS 整体调度与控制决策的性能。

4.4　FMS 中的自动控制技术

4.4.1　自动控制的概念

自动控制(automatic control)是指在没有人直接参与的情况下,利用外加的设备或装置,使机器、设备或生产过程的某个工作状态或参数自动地按照预定的规律运行。自动化的实质都是在其终端执行元件上无须由人来直接或间接操作的自动控制。自动控制与机械控制技术、流体控制技术、自动调节技术、电子技术、计算机技术等密切相关,它是实现柔性制造系统的关键。它的完善程度是衡量机械制造自动化水平的重要标志。

1. 自动控制系统的基本组成

自动控制系统包括实现自动控制功能的装置及其控制对象,通常由指令存储装置、指令控制装置、执行机构、传递及转换装置等部分构成。

（1）指令存储装置　由于被控制对象是一种自动化机械，因此，其运动应该不依靠人而能自动运行，这样就需要预先设置它的动作程序，并把有关指令信息存入相应的装置，在需要时重新发出，这种装置就称为指令存储装置（或程序存储器）。指令存储装置大体上可以分为两大类：一类是将全部指令信息一起存入一个存储装置，称为集中存储方式；另一类是将指令信息分别在多处存储，称为分散存储方式。

（2）指令控制装置　指令控制装置的作用是将存储在指令存储装置中的指令信息在需要的时候发出。例如，执行机构移动到规定位置时挡块碰触限位开关；工件加工到规定尺寸时自动测量仪中的电触点接通；液压控制系统中的压力达到规定压力时启动压力阀；主轴转速超过一定数值时速度继电器动作等。其中限位开关、电触点、压力阀、速度继电器等装置能够将指令存储装置中的有关信息转变为指令信号发送出去，命令相应的执行机构完成某种动作。

（3）执行机构　执行机构是最终完成控制动作的环节，如拨叉、电磁铁、电动机、工作液压缸等。

（4）传递及转换装置　传递及转换装置的作用是将由指令控制装置发出的指令信息传送到执行机构。它在少数情况下是简单地传递信息，而在多数情况下，信息在传递过程中要改变信号的量和质，转换为符合执行机构所要求的种类、形式、能量等输入信息。信息的传递介质有电、光、气体、液体、机械等；信息的形式有模拟式和数字式；信息的量有电压量、电流量、压力量、位移量、脉冲量等。在这些类别中，又各有介质、形式、量的转换，因此可组合成多种多样的形式。常见的传递和转换装置有各种机械传动装置、电或液压放大器、时间继电器、电磁铁、光电元件等。

2. 自动控制系统的基本要求

自动控制系统应能保证各执行机构的使用性能、加工质量、生产率及工作可靠性。为此，对自动控制系统提出如下基本要求。

（1）应保证各执行机构的动作或整个加工过程能够自动进行。

（2）为便于调试和维护，各单机应具有相对独立的自动控制装置，同时应便于和总控制系统相匹配。

（3）柔性加工设备的自动控制系统要和加工品种的变化相适应。

（4）自动控制系统应力求简单可靠。在元器件质量不稳定的情况下，对所用元器件一定要进行严格筛选，特别是电气及液压元器件。

（5）能够适应工作环境的变化，具有一定的抗干扰能力。

（6）应设置反映各执行机构工作状态的信号及报警装置。

（7）安装调试、维护修理方便。

（8）控制装置及管线布置要安全合理、整齐美观。

（9）自动控制方式要与工厂的技术水平、管理水平、经济效益及工厂近期的生产发展趋势相适应。

对于一个具体的控制系统，上述第（1）项要求必须得到保证，其他的则根据具体情况而定。

3. 自动控制系统的基本方式

这里所说的自动控制系统的基本方式主要是指机械制造设备或自动化制造系统中常用的控制方式，如开环控制、闭环控制、分散控制、集中控制等。

（1）开环控制方式　所谓开环控制就是系统的输出量对系统的控制作用没有影响的控制

方式。在开环控制中,指令的程序和特征是预先设计好的,不因被控制对象实际执行指令的情况而改变。为了满足实际应用的需要,开环控制系统必须精确地予以校准,并且在工作过程中保持这种校准值不发生变化。如果执行出现偏差,开环控制系统就不能保证既定的要求了。由于这种控制方式比较简单,因此在机械加工设备中广为应用。例如,常见的由机械凸轮控制的自动车床或沿时间坐标轴单向运行的任何系统,都是开环控制系统。

(2) 闭环控制方式　系统的输出信号对系统的控制作用具有直接影响的控制方式称为闭环控制。闭环控制也就是常说的反馈控制。"闭环"的含义,就是利用反馈装置将输出与输入两端相连,并利用反馈作用来减少系统的误差,力图保持两者之间的既定关系。因此,闭环系统的控制精度较高,但这种系统比较复杂。现代制造系统中常见的自动调节系统、随动系统、自适应控制系统等都是闭环控制系统。

(3) 分散控制方式　分散控制又称行程控制或继动控制。在这种控制中,指令存储和控制装置按一定程序分散布置,各控制对象的工作顺序及相互配合按下述方式进行:当前一机构完成了预定的动作以后,发出完成信号,并利用这一信号引发下一个机构的动作,如此继续下去,直到完成预定的全部动作。每一执行部件在完成预定的动作后,可以采用不同的方式发出控制指令,如根据运动速度、行程量、终点位置、加工尺寸等进行控制。发令装置应用最多的是有触点式或无触点式限位开关和由挡块组成的指令存储和控制装置。

这种控制方式的主要优点是实现自动循环的方法简单,电气元件的通用性强,成本低。在自动循环过程中,当前一动作没有完成时,后一动作便得不到启动信号,因而,分散控制系统本身具有一定的互锁性。然而,当顺序动作较多时,自动循环时间会增加,这对提高生产率不利。此外,由于指令控制不集中,有些运动部件之间又没有直接的连锁关系,为了使这些部件得到启动信号,往往需要利用某一部件到达行程终点后,同时引发若干平行的信号。这样,当执行机构较多时,会使电气控制线路变得复杂,电气元件增多。这对控制系统的调整和维修不利,特别是在使用有触点式电器时,由于大量触点频繁换接,因此容易引起故障,可靠性较低。目前,在常见的自动化单机和机械加工自动线的控制系统中,多数都采用这种分散控制方式。

(4) 集中控制方式　具有一个中央指令存储和指令控制装置,并按时间顺序连续或间隔地发出各种控制指令的控制系统,都可以称为集中控制系统或时间控制系统。集中控制方式的优点是:所有指令存储和控制装置都集中在一起,控制链短且简单,这样,控制系统就比较简单,调整也比较方便。另外,由于每个执行部件的启动指令是由集中控制装置发出的,而停止指令则由执行部件移动到一定位置时,压下限位开关而发出。因此,可以避免某一部件发生故障而其他部件继续运动与之发生碰撞或干涉的问题,工作精度和可靠性比较高。利用分配轴上的凸轮来驱动和控制自动机床或自动线上的各个执行部件的顺序动作是机械式集中控制系统,它是按时间顺序进行控制的,属于这一类型。

4.4.2　FMS中的计算机控制技术

将计算机作为控制装置,实现自动控制的系统,称为计算机控制系统。由于计算机具有快速运算与逻辑判断的功能,并能对大量数据信息进行加工、运算、实时处理,所以,计算机控制能达到一般电子装置所不能达到的控制效果,实现各种优化控制。计算机不仅能够控制一台设备、一条自动线,而且能够控制一个机械加工车间乃至整个工厂。计算机在机械制造中的应用已成为制造自动化技术发展中的一个主要方向,构成FMS的各种CNC机床及其FMS本身就是一种计算机控制系统,而且其在生产设备的控制自动化方面起着越来越重要的作用。

1. 普通数控机床的控制

普通数控(NC)机床,包括具有单一用途的数控车床、钻床、铣床、镗床、磨床等。它们是采用专用的计算机或称"数控装置",以数码的形式编制加工程序,控制机床各运动部件的动作顺序、速度、位移量及各种辅助功能,以实现机床加工过程的自动化。

2. 加工中心的控制

加工中心(MC)是一种结构复杂的数控机床,它能自动地进行多种加工,如铣削、钻孔、镗孔、锪平面、铰孔、攻螺纹等。工件在一次装夹中,能完成除工件基面以外的其余各面的加工。它的刀库中可装几种到上百种刀具,以供选择,并由自动换刀装置实现自动换刀。所以,加工中心的实质就是能够自动进行交换刀具的数控机床。加工中心目前多数采用微型计算机进行控制,能够实现对同一族零件的自动加工,变换零件品种方便。然而,由于加工中心投资较大,所以要求机床必须具有很高的利用率。

3. 计算机数控

计算机数控(CNC)与普通数控的区别,是在数控装置部分引入了一台微型通用计算机。它具有功能适应性强,工艺过程控制系统和管理信息系统能密切配合,操作方便等优点。然而,这种控制系统只是在出现了价格便宜的微型计算机以后,才得到了较快的发展。

4. 计算机群控

计算机群控系统由一台计算机和一组数控机床组成,以满足各台机床共享数据的需要。它和计算机数控系统的区别是用一台较大型的计算机来代替专用的小型机,并按分时方式控制多台机床。图 4-12 所示为一个计算机群控系统,它包括一台中央计算机、给各台数控机床传送零件加工程序的缓冲存储器以及数控机床等部分。

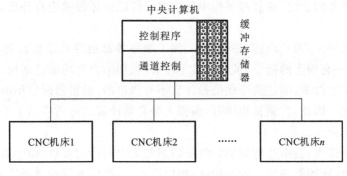

图 4-12 计算机群控系统

中央计算机要完成三项有关群控功能:① 从缓冲存储器中取出数控指令;② 将信息按照机床进行分类,然后去控制计算机和机床之间的双向信息流,使机床一旦需要数控指令时便能立即予以满足,否则,在工件被加工表面上会留下明显的停刀痕迹,这种控制信息流的功能称为通道控制;③ 中央计算机还处理机床反馈信息,供管理信息系统使用。

(1) 间接式群控系统 间接式群控系统是用数字通信传输线路将数控系统和群控计算机直接连接起来。这种系统只是取代了普通数控系统中用的纸带输入机这部分功能,数控装置硬件线路的功能仍然没有被计算机软件所取代,所有分析、逻辑和插补功能,还是由数控装置硬件线路来完成。

(2) 直接式群控系统 直接式群控(DNC)系统比间接式群控系统向前发展了一步,由计算机代替硬件数控装置的部分或全部功能。根据控制方式,直接式群控系统又可分为单机控制式、串联式和柔性式三种基本类型。

在直接式群控系统中,几台甚至几十台数控机床或其他数控设备,接收从远程中央计算机(或计算机系统)的磁盘或磁带上检索出来的遥控指令,这些指令通过传输线以联机、实时、分时的方式送到机床控制器(MCU),实现对机床的控制。

直接式群控系统的优点有:① 加工系统可以扩大;② 零件编程容易;③ 所有必需的数据信息可存储在外存储器内,可根据需要随时调用;④ 容易收集与生产量、生产时间、生产进度、成本、刀具使用寿命等有关的数据;⑤ 对操作人员技术水平的要求不高;⑥ 生产率高,可按计划进行工作。

这种系统投资相对较大,在经济效益方面应加以考虑。另外,如果中央计算机一旦发生故障,会使直接式群控系统全部停机,这会造成重大损失。

5. 自适应控制

在实际工作中,大多数控制系统的动态特性不是恒定的。这是因为各种控制元件随着使用时间的增加在老化,工作环境在不断变化,元件参数也在变化,致使控制系统的动态特性也随之发生变化。虽然在反馈控制中,系统的微小变化对动态特性的影响可以被减弱,然而,当系统的参数和环境变化比较显著时,一般的反馈控制系统将不能保持最佳使用性能。这时只有采用适应能力较强的控制系统,才能满足这一要求。

所谓适应能力,就是系统本身能够随着环境条件或结构的不可预计的变化,自行调整或修改系统的参量,这种本身具有适应能力的控制系统,称为适应控制系统。

在适应控制系统中,必须能随时识别动态特性,以便调整控制器参数,从而获得最佳性能。这一点具有十分重要的意义,因为自适应控制系统除了能适应环境变化以外,还能够适应通常工程设计误差或参数的变化,并且对系统中较次要元件的破坏也能进行补偿,因而增加了整个系统的可靠性。

例如在数控机床上,刀具轨迹、切削条件、加工顺序等都由穿孔带或计算机命令进行恒定控制,这些命令是一套固定的指令,虽然刀具不断磨损、切削力和功率已增加,或因各种原因使实际加工情况发生了改变,而这些变化是操作者不易知道的,但机器所使用的程序却能自动适应这些情况的变化。因此,在制备程序时,编程人员必须计算出能适应加工条件可能变化情况的一套"安全"加工指令。

采用适应控制技术,能迅速地调节和修正切削加工中的控制参数(切削条件),以适应实际加工情况的变化,这样才能使某一效果指标,如生产率、生产成本等始终保持最优。

图 4-13 所示为切削加工适应控制系统的原理图。适应控制的效果主要取决于机床上所用的传感器,在机床工作期间,传感器要经常检测动态工作情况,如切削力、主轴转矩、电动机负荷、刀具变形、机床和刀具的振动、工件加工精度、加工表面的表面粗糙度、切削温度、机床热变形等。由于刀具磨损和刀具使用寿命在实际加工中很难测量,因此可通过上述测量间接地加以估算。这些可以作为对适应控制系统的输入,再经过实时处理,便可确定下一瞬间的最优切削条件,并通过控制装置仔细地调整主轴转速、进给速度或拖板移动速度,便可实现切削加工的实时优化。

利用自适应控制系统,能够保护刀具,防止刀具受力过大,从而提高刀具的使用寿命,也就能保证加工质量。另外,还能简化编程中确定主轴转速和进给速度的工作,这样就能提高生产率。这种自适应控制系统对于 FMS 的安全可靠运行尤为重要。

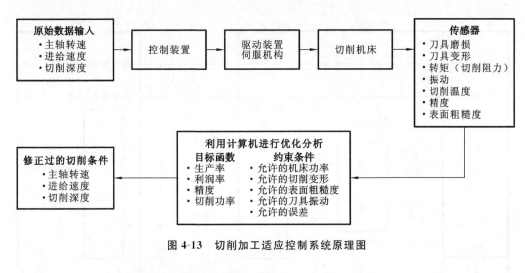

图 4-13 切削加工适应控制系统原理图

4.4.3 FMS 中的加工设备集成与控制

柔性制造系统一般由多台加工设备组成,各加工设备之间必须在计算机、PLC、数控装置的控制下进行协调一致的工作,为此必须对加工设备进行集成、控制。

1. 集成化 DNC 系统

通常 NC 或 CNC 系统具有串行数据通信接口,可用于实现数控程序的双向传送功能。如 CNC 系统支持 DNC 功能,则可通过串行接口及计算机网络来连接 FMS 系统控制器。例如,同济大学 CIMS 研究中心的示范 FMS 系统(ALSYS)。如果 CNC 系统不支持 DNC 功能,一般较难集成到 FMS 系统中去,但也可以对原有机床的 PLC 进行一些改造,使 CNC 系统能够接收简单的加工动作控制指令,并可反馈一些必需的加工状态和动作状态,这样便可以通过串行接口来连接 FMS 控制器。例如,上海第四机床厂的箱体工件 FMS 系统(SI-FMS)。

2. 通过网络的通信集成

现代 CNC 机床提供了通过 PLC 网络(SIEMENS SINEC L1,2 或 H)和通过 CNC 系统直接支持以太网(HELLER CNC 系统)的通信集成方式。它具有通信可靠、通信速度快、系统开放性好及控制功能全的优点,是 DNC 系统发展和应用的方向。

3. 面向 FMS 的数控系统

与通用型数控系统不同,面向 FMS 的数控系统用 PLC 的 I/O 总线把具有加工控制功能的数控系统与 PLC 结合起来,由控制机械动作的 PLC 直接访问数控系统的存储器,从而控制数控系统。通常,由一台 PLC 和一台数控设备(或两台以上)构成的 FMS 系统,在 PLC 和数控系统之间交换的信息有:各控制轴的状态信息,其中包括回到原点的信号、移动过程中的信号、移动方向信号;报警及其状态信号;当前值数据;M、S、T 代码信号;运行模式选择信号;运行启/停信号;程序查询信号。这种系统的 PLC 和数控系统可共用一台终端和显示器,信道切换装置以串行通信方式把它们连接起来。系统运行时,PLC 的数据寄存器与数控系统内存缓冲区之间的数据是依据 FROM/TO 命令传送的。如图 4-14 所示,系统执行 FROM 命令,内存缓冲区的数值数据和二进制数据被送到 PLC 的数据寄存器中记忆起来。当 PLC 使用的二进制数据需要传送给数控系统时,首先要送到数据寄存器中记忆,然后执行 TO 命令传送到数控系统的内存缓冲区。

由上述分析可知,面向 FMS 的数控系统从自动调用算法语言源程序功能来看,其结构特

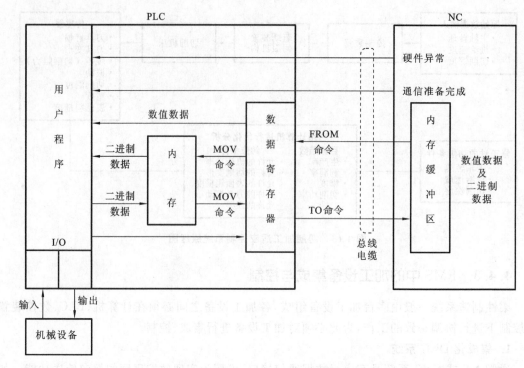

图 4-14 PLC 与 NC 的数据交换

点如图 4-15 所示,数控机床因异常情况中断加工时,分析故障、恢复加工的自动处理程序需用算法语言编写,同时包括自动变更参数、自动检测补偿等处理程序也用算法语言编写。所以,在 FMS 环境下,用数控(或 PLC)语言调用算法语言源程序,以及由执行算法语言程序转向数控(或 PLC)程序的某一状态,就是一种基本操作。因此,面向 FMS 的数控系统的 PLC 与数控系统具有明确的分工。即机械设备动作的顺序控制,数控程序的检索和启/停操作,主轴控制,报警和故障信息输出等作业,由 PLC 完成;而进给轴控制,选择主轴转速(S 指令)和刀具(T 指令),执行辅助功能(M 指令),紧急停止,超程控制,故障诊断和报警等,则由数控系统完成。

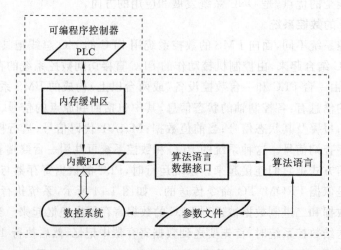

图 4-15 面向 FMS 的 NC 装置调用算法语言关系框图

4.5 FMS 的计算机仿真

4.5.1 仿真的基本概念

仿真就是通过对系统模型进行实验,去研究一个存在的或设计中的系统。这里的系统是指由相互联系和相互制约的各个部分组成的具有一定功能的整体。

根据仿真与实际系统配置的接近程度,将其分为计算机仿真、半物理仿真和全物理仿真。在计算机上对系统的计算机模型进行实验研究的仿真称为计算机仿真。用已研制出来的系统中的实际部件或子系统去代替部分计算机模型所构成的仿真称为半物理仿真。采用与实际相同或等效的部件或子系统来实现对系统的实验研究,称为全物理仿真。一般说来,计算机仿真较之半物理、全物理仿真在时间、费用和方便性等方面都具有明显优势。而半物理仿真、全物理仿真具有较高的可信度,但费用昂贵且准备时间长。

图 4-16 所示给出了计算机仿真、半物理仿真和全物理仿真的关系及其在工程系统研究各阶段的应用。由于计算机仿真具有省时、省力、成本低的优点,除了必须采用半物理仿真或物理仿真才能满足系统研究要求的情况外,一般都应尽量采用计算机仿真。因此,计算机仿真得到了越来越广泛的应用。

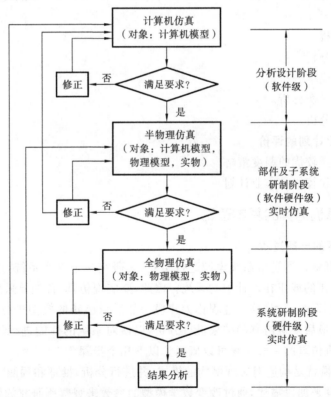

图 4-16 计算机仿真、半物理仿真和全物理仿真的关系及其应用

4.5.2 FMS 计算机仿真的作用

柔性制造系统的投资往往较大,建造周期也较长,因而具有一定的风险,其设计和规划就

显得十分重要。计算机仿真是一种比较经济的系统分析研究工具,在 FMS 的设计、运行等阶段起着重要的决策支持作用。

计算机仿真有别于其他方法的显著特点之一:它是一种在计算机上进行实验的方法,实验所依赖的是由实际系统抽象出来的仿真模型。由于这一特点,计算机仿真给出的是由实验选出的较优解,而不像数学分析方法那样给出问题的确定性的最优解。

计算机仿真结果的价值和可信度,与仿真模型、仿真方法及仿真实验输入数据有关。如果仿真模型偏离真实系统,或者仿真方法选择不当,或者仿真实验输入的数据不充分、不典型,则将降低仿真结果的价值。但是,仿真模型对原系统描述得越细越真实,仿真输入数据集越大,仿真建模的复杂度和仿真时间都会增加。因此,需要在可信度、真实度和复杂度之间加以权衡。

在柔性制造系统的设计和运行阶段,通过计算机仿真能够辅助决策的主要有以下几个方面。

1. 确定系统中设备的配置和布局

(1) 机床的类型、数量及其布局。
(2) 运输车、机器人、托盘和夹具等设备和装置的类型、数量及布局。
(3) 刀具、仓库、托盘缓冲站等存储设备容量的大小及布局。
(4) 评估在现有的系统中引入某一新设备的效果。

2. 性能分析

(1) 生产率分析。
(2) 制造周期分析。
(3) 产品生产成本分析。
(4) 设备负荷平衡分析。
(5) 系统瓶颈分析。

3. 调度及作业计划的评价

(1) 评估和选择较优的调度策略。
(2) 评估合理和较优的作业计划。

4.5.3 计算机仿真的基本理论

1. 计算机仿真的一般过程

如前所述,仿真就是通过对系统模型进行实验,去研究一个真实系统,这个真实系统可以是现实世界中已存在的或正在设计中的系统。因此,要实现仿真,首先要采用某种方法对真实系统进行抽象,得到系统模型,这一过程称为建模。然后对已建的模型进行实验研究,这个过程称为仿真实验。最后要对仿真的结果进行分析,以便对系统的性能进行评估或对模型进行改进。因此,计算机仿真的一般过程可以概括为以下几个步骤。

(1) 建模 建模就是构造对客观事物的模式,并进行分析、推理和预测。即针对某一研究对象,借助数学工具来加以描述,通过改变数学模型的参数来观察所研究的状态变化。建模包含下面几个步骤。

① 收集必要的系统实际数据,为建模奠定基础。
② 采用文字(自然语言)、公式、图形对模型的功能、结构、行为和约束进行描述。
③ 将前一步的描述转化为相应的计算机程序(计算机仿真模型)。

(2) 进行仿真实验 输入必要的数据,在计算机上运行仿真程序,并记录仿真的结果数据。

(3) 结果数据统计及分析 对仿真实验结果数据进行统计分析,以期对系统进行评价。在自动化制造系统中,通常评价的指标有系统效率、生产率、资源利用率、零件的平均加工周期、零件的平均等待时间、零件的平均队列长度等。图 4-17 所示给出了计算机仿真的一般过程。

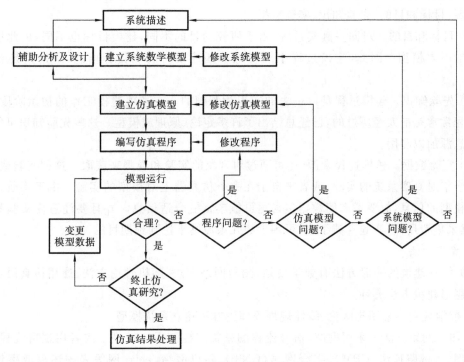

图 4-17 计算机仿真的一般过程

2. 仿真建模基本理论

1) 模型的基本概念及分类

(1) 模型是集中反映系统信息的整体。模型是对真实系统中那些有用的和令人感兴趣的特性的抽象化。模型在所研究的系统的某一侧面具有与系统相似的数学描述和物理描述。模型具有下述特点:

① 它是客观事物的模仿或抽象;

② 它由与分析问题有关的因素构成;

③ 它体现了有关因素之间的联系。

从另一侧面来看,当把系统看成是行为数据源时,那么模型就是一组产生行为数据的指令的集合。

(2) 模型分类。根据模型与实际系统的一致程度,可概略地把模型分为以下四类。

① 实物模型 如地球仪、原子核模型、人体模型等。它是实际系统在保持本质特征的条件下经缩小或放大而成的。

② 图形模型 如生产流程图、控制系统框图等以图形的形式来表示系统的功能及其相互关系。

③ 数学模型 通过系统的相互影响因素的数量关系,采用数学方程式来描述系统的

方式。

④ 仿真模型 能够直接转化为计算机仿真程序的系统描述方式,如仿真中用于描述系统的逻辑流程图、活动循环图等。

2) 建模过程中的信息来源

建模就是对真实系统在不同程度上的抽象。这种抽象实际上是对真实系统的信息以某种适当的形式加以概括和描述,从而具体地确定出模型的结构和参数。建模过程有三类主要的信息来源:目标和目的、先验知识、实验数据。

(1) 目标和目的。对同一真实系统,由于研究的目的不同,建模目标也不同,由此形成同一系统的不同模型。因此,建模过程中准确地掌握建模目的和目标信息,对建模是至关重要的。

(2) 先验知识。建模过程是以过去的知识为基础的。在某项建模工作的初始阶段,所研究的过程常常是前人经历过的,已经总结出了许多定论、原理或模型。这些先验知识可作为建模的信息源加以利用。

(3) 实验数据。建模过程来源,还可通过对现象的实验和观测来获取。这种实验或观测,或者来自于对真实系统的实验,或者来自于在一个仿真器上对模型的实验。由于要通过数据来提供模型的信息,故要考虑使数据包含尽可能丰富的合适信息。并且要注意使实验易于进行,数据采集费用低,实验直截了当,可用少数几条原则来达到预期目的。

3) 建模方法

(1) 仿真建模的一般方法有数学规划、图与网络方法、随机理论方法、通用仿真语言建模方法和图形建模方法五种。

① 数学规划 采用排队论、线性规划等理论方法建立系统模型。

② 图与网络方法 采用框图、信号流程图来描述控制系统模型。或者用逻辑流程图、活动循环图、关键路径法(CPM)、组合网络(CNT)、随机网络、petri 网等来描述离散事件系统模型。

③ 随机理论方法 对于随机系统,还必须采用随机理论方法来建立系统模型。值得注意的是,对于较大系统的建模,可能需要同时采用上述几种方法才能达到目的。

④ 通用仿真语言建模方法 通过某种通用仿真语言提供的过程或活动描述方法对系统动态过程进行描述,再将其转为仿真程序。

⑤ 图形建模方法 通过类似于 CAD 作业那样的方法直接在计算机屏幕上用图标给出某个系统(例如制造系统)的物理配置和布局、活动体的运动轨迹以及控制规则和运行计划。这是一种不必编程即可运行的建模方式。

(2) 模型的可信度。模型的可信度是指模型与真实系统描述的吻合程度。可信度可从三个方面加以考察。

① 在行为水平上的可信度 这是指模型复现真实系统行为的程度。它体现了模型对真实系统的重复性的好坏。

② 状态结构水平上的可信度 这是指模型能否与真实系统在状态上互相对应,从而通过模型以对系统未来行为作唯一的预测。它体现了模型对真实系统的复制程度。

③ 在分解结构水平上的可信度 它反映了模型能否表示出真实系统的内部工作情况,而且可唯一地表示出来。它体现了模型对真实系统重构性的优劣程度。

4.5.4 FMS 仿真研究的主要内容

1. 总体布局研究

FMS 在规划设计时,必须在明确制造对象和总体生产目标的基础上,首先确定系统的结构,这包括:确定各种设备的类型和数量;确定各种设备的相互位置关系即系统布局;系统布局对既定的场地的利用情况;系统中最恰当的物流路径;研究系统在动态运行时是否会由于布局本身的不周而发生阻塞和干涉,即系统瓶颈问题。

一般的方法是在按原则确定出系统的配置和布局后,再通过仿真系统,按比较严格的比例关系,在计算机屏幕上设计出系统的平面域立体的布局图像,然后通过不同方位或不同运行情况下的图形变换来观察布局是否合理;最后,通过系统的动态运行来研究是否存在干涉或阻塞问题。设计人员根据仿真结果对设计方案中不合理的部分进行修改完善。值得指出的是,虽然在研究系统布局时涉及图形变换等动画处理,但从原理上来看仅仅是一种静态结构的仿真,不涉及制造系统本身的动态特性。只有在研究系统动态运行时发生干涉或阻塞问题时,才涉及系统的动态特性。而此时系统的动态特性主要是着眼于移动设备和固定设备之间的关系,以及物料运输路径的合理性。

图 4-18 所示为 FMS 的设计实例,其布局已按实际尺寸比例画出了仿真配置图,据此可以考察其场地利用和设备之间的相互关系。

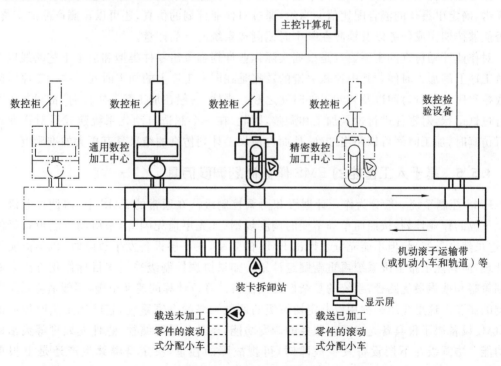

图 4-18 FMS 的设计实例

此方案是由精密和通用加工中心混合组成的系统。每种类型的机床只要有一台就能满足生产率的计划要求。另一方面,如果要求生产效率高,也可为每种类型的机床配置一台冗余机床。此方案装备了一条单轨环型托盘自动传送系统。在大型的由许多工作站组成的柔性制造系统中,单轨传送线(环型或更为复杂的网络)是最常用的。由于本系统采用了最多四台数控机床,零件在机床上的停留时间较长,所以,托盘的运输频率不高和运输时间不长,不必要采用更为复杂的网络路径布置设备。根据仿真结果和经济性等综合因素考虑,所设计选定的方案是合理的。

2. 动态调度策略的仿真研究

如前所述,在一个柔性制造系统中通常有许多决策点。在不同的决策点具有相应的多个决策规则。因此,根据系统的具体情况在各个决策点采用某些决策规则,就构成了系统的不同调度方案。

进行动态调度策略的仿真研究是为了研究或验证在实际的制造系统控制过程中的动态调度方案是否合理、高效,或通过实验提前消除原控制系统软件的潜在缺陷,属于对系统的比较详细、深入的仿真。为此,在建立仿真模型时,必须使仿真系统中与原制造系统中有对应相同的决策点,每个对应的决策点均采用对应相同的决策方法(由决策规则和规则的适用优先顺序等方法来确定)。每个对应的决策点在相同的条件下应产生对应相同的活动。换言之,仿真系统中的控制逻辑图应与原制造系统的控制逻辑图相同。

3. 作业计划的仿真研究

在柔性制造系统建成后,设备配置及调度策略就已经确定了。这时,影响系统运行效率的主要因素就是生产作业计划。由于在生产过程中考虑到后续工序的需求和系统总体效率,零件往往是以混合批次的方式在系统中进行加工的,通过仿真可以较准确地预测不同加工计划的优劣,确定出最佳的混合配比值。当然,通过对作业计划的仿真,还可以预测产品的交货期、是否能够按期完成任务以及预测在某个时期制造系统的产品产量。

对作业计划仿真的主要要素是根据实际作业计划抽象出零件类型和加工工艺路线以及在每道工序上的加工时间。其中比较关键的数据是在同一工序上的加工时间。这一工序时间应是数控程序的运行时间以及装卸工件时间之和。当然,一般在加工某一零件时,都对数控程序进行过试运行,对零件进行过预加工和调整,因此,在一个制造自动化系统建成后对作业计划进行仿真时,加工时间可以相当准确,从而也使加工计划仿真的结果具有更大的准确度。

4.5.5 基于人工智能的FMS作业计划调度仿真

FMS控制系统一般分为作业计划级和协调控制级。在通常的FMS中,协调控制级一般对于下放的作业计划,按照简单和不变的调度规则(如先申请先响应)来协调控制设备级的工作,这虽然容易实现,但不能充分发挥出FMS的效率,在下层设备发生故障时,也不能实施应变处理,而只能上报上级系统再重新制定计划。如果协调控制级采用多目标优化方法来制定控制策略和搜索最优路径,系统的复杂性必然使得计算机计算的速度很慢,不能适应系统实时控制的需要。这里介绍一种用以制定协调级的调度策略的专家系统,它既满足实时控制的需求,也使设备层不仅具备先申请先服务的调度功能,还具备最近路径、急件先处理等灵活的调度功能。协调级在下层设备发生故障时,可视故障的轻重,决定是继续生产还是上报更改计划。

1. FMS实时调度问题及解决方法比较

FMS实时调度问题可简述如下:将一定数量的工件分配给FMS,每个工件要求由若干台机床完成线性工序集合,如何合理安排系统的具体加工事件,即按照什么样的规则将系统承担的加工负荷分配给系统中的机床在一定时间内完成。

实时调度是在系统加工过程中进行的,它是根据系统当前的状态及预先给定的优化目标,动态地安排零件的加工顺序,调度管理系统资源,保证零件加工程序的实现。

实时调度可分为被加工对象的动态排序与对系统资源生产活动实时动态调度两类。

(1) 在一台加工设备有多个零件排队等待加工的情况下,调度系统要根据系统的状态和预先确定的优化目标,确定这些零件的加工顺序。

(2) 由于制造系统随时可能发生一些不可预见的情况(如设备故障、刀具破损等),可能打乱原先静态调度所作出的零件排序和负荷平衡(加工路径选择)的计划,这时,就要根据系统的实际状态进行调整,适当改变零件的加工顺序和工艺路径。

作为实时控制,要求排序算法简单,对系统状态变化的反应要足够快。

以往用于解决生产调度的方法主要是求解问题的数学公式,即采用线性规划、非线性规划等方法在约束条件下,对工件进行最优排序,但表面看来相当简单的调度问题的最优排序是非常复杂的。由于FMS复杂的动态特性,运用这些方法较难作出最佳决策。同时,由于采用了复杂的计算,响应速度不可能达到提供在线决策支持的要求,只能在静态计划时使用。

仿真方法能用来解决调度问题,仿真技术被认为是研究FMS的有效工具。然而,仿真中往往因不采用优化算法而难以得到优化的结果。专家系统的应用可克服规划方法和仿真方法的不足。它根据系统当前的状态和给定的优化目标,对知识库进行有效的搜索,选择最好的调度策略,为在线决策提供支持,以充分开发FMS的能力和内在柔性。由于采用的是启发式搜索和模糊推理机制,避开了烦琐的计算,所以能够满足系统实时响应方面的要求。此外,由于有丰富的知识库,在不同的系统状态下或在不同的优化目标下,采用不同的知识对系统也产生不同的效果,这也充分体现了FMS的内在柔性。专家系统的知识库与推理机制是分开的,知识库可以充分扩展,知识越丰富,专家系统也运行得越好。

图形仿真具有直观和便于观察的特点,能够较为真实地模拟系统的运行,因此可采用它作为专家系统的一个界面,专家系统为图形元素的动作提供在线决策支持,仿真结果又为专家系统知识的调整、修改、积累及系统性能检验提供有力的依据和保证。把仿真与专家系统结合在一起,能够使用户真正地感受到FMS的系统运行,并使用户具体地了解专家系统的推理过程。采用这种构思,并引进面向对象的FMS模型表示与专家系统结合,共同驱动仿真过程,建成真实过程的模拟系统。

2. 面向对象的FMS模型建立

在充分考虑FMS各实体的特征以及知识库知识的表示方法以后,可采用面向对象的方法来表达FMS的系统结构模型,采用C++程序设计语言建立专家系统。

面向对象的程序设计近来受到越来越多的重视,它是吸收了软件工程领域中的新概念、新方法而发展起来的一种程序设计方法,它广泛用于计算机仿真、系统设计、数据库、操作系统、分布式系统及专家系统等各个领域。

当前在人工智能领域,对于基于知识的系统设计,正在从基于规则的机制向面向对象和利用匹配规则的混合机制发展。因此,面向对象的程序设计方法的研究正在成为人工智能领域的热门话题。

在通常的软件设计中,往往把"数据"和"过程"这两种实体分开考虑,而在面向对象的软件设计方法中,不是把"数据"和"过程"这两种实体分开考虑。而是将一组数据和操作这些数据的一组过程看成一个整体,构成一个独立单位并称为"对象"。使用面向对象的程序设计方法,就是要把构成的系统表示成对象集。

对象除了有相应的操作外,还具有其状态(或属性),对象就是通过这些状态和操作来描述其本身的。

对象是信息的存储单位，又是信息处理的独立单位，它具有一定的内部结构和处理能力。对象对应于客观世界的某一实体，可见对象这种形式正是客观世界模型在计算机中的一种自然的表示。

对象的一大特点就其封装性。对象的外部接口使外界只能知道对象的外部特征，即具有哪些处理能力。对象的内部状态及处理的具体实现对外是不可见的，这种模块化技术使软件系统的可靠性和可维护性大为改善。对象之间的相互作用只能通过消息传递进行，即将消息发送给对象，由对象自己根据要求完成需要的操作。一般地，消息应具有下面的形式：

[接收者名称，请求的方法，参数]

请求者对象发送消息给接收者对象，接收者对象根据其界面决定是否响应以及如何响应接收到的消息。在响应消息时，对象通过引用相应的方法可能产生以下的行为：

（1）给其他对象发送消息；

（2）访问或修改自身的数据；

（3）创建新的数据。

由于对象是自主的、独立活动的实体，对象间通过传递消息互相作用，任何时刻任意两个对象间只要没有消息的传递，二者就可以并行活动，所以对象模型从本质上就便于描述并发事件，建立在对象模型基础上的C++程序设计语言能够自然而充分地开发问题领域中的并发性，使程序员摆脱并发任务的烦琐控制。

具有相同结构和操作功能的对象可以归并在一起，用"类"来统一描述。因此类可看成一种模板，它提供了对一组对象共同特性的完整描述，包括外部接口以及内部算法与数据结构，用它可以组建对象。

由类组建新的对象的过程称为实例化，被创建的对象称为该类的实例。一个类中的构造函数是它所提供的种种方法之一，可以通过对它的调用来创建新的实例。某个类所创建的所有实例都具有相同的接口，但它们的内部状态不同。

类的层次结构的一个重要特性就是继承性，即一个类可以从其父类那里继承属性。一个类也可以重新定义所继承的属性或加入新的属性和方法。继承性是面向对象程序设计的一个重要特点。通过继承，可以实现信息共享，减少冗余，提高软件的效率。这一特点应用于专家系统知识库，可以将知识组建成层次结构，从而使知识表达更具结构化。

由于FMS的各实体元素是相互独立的，在同一时刻是并行活动的，相互之间协调动作，来完成系统的加工任务，所以用对象模型来表示FMS是十分合适的，每一对象都可以对应FMS中的某一实体。针对FMS的布局，利用C++程序设计语言开发的程序，可以构造加工中心类、清洗机类、小车类、装卸站类和缓冲库类等，每一种类都派生出各自的实例对象。类只是一种模板，它是该类所有对象共同特性的描述，该类不同的实例对象有着共同的界面，但内部数据结构中的值却又各不相同，所以对象是共性与个性的统一。

3. 专家系统的实现

一般的仿真程序分为数值仿真和动画模拟两个部分。数值仿真是基于Petri网理论建立的FMS模型，采用仿真时间分片方式，程序每次都循环检查各状态条件是否满足。满足要求的多个转移经仲裁程序决定哪个可以激发，发消息给动画模块后时钟向前推移，又重新处理新的时间片下的状态转移。

这种采用顺序控制方式处理并发事件的方法，与真实并发的实际情况有一定区别，只有在时间片趋于零时才吻合。这种方法要处理的烦琐的事物相当多,既要处理工作台装、卸下工件等简单动作,又要处理复杂的并发控制问题,这样,若是 FMS 模型稍有变化,那么整个程序需要全面更改,这也增加了程序维护与扩展的难度。

为了更好地描述系统的并发性,增强程序代码的可重用性,可在 Windows 环境下引入 FMS 的对象模型表示,使之能表示 FMS 各实体的顺序,以及各实体间的并发性。同时,对信息进行合理的分层组织,大量烦琐的事务由下层负责微观处理,上层只对少量事务作出响应,只进行宏观处理,能够集中精力开发 FMS 的内在动态柔性。一般下层的清洗机对象、加工中心对象、装卸站对象、缓冲库对象和小车对象分别对应于真实的 FMS 中的各实体元素,小车对象与其他对象之间有消息的传输,各对象与上层控制机构也有消息的传输。控制机构通过人机界面获得系统运行所需数据,并在运行过程中对知识库进行有效搜索,为仿真提供在线决策支持,仿真的结果又为专家系统知识库中知识的充实、调整、修改及系统性能验证提供依据。控制机构的推理过程对于用户而言应当是透明的,通过控制机构再解释模块的输出,用户可以检查推理的合理性来决定程序的修改。

思考题与习题

1. 简述 FMS 的信息流模型的组成。
2. FMS 中信息流数据有哪几种形式?它们之间的关系怎样?
3. 简述 FMS 中网络的结构及通信的特点。
4. 简述 FMS 数据库的设计方法。
5. 网络分层体系结构的主要目的是什么?如果 FMS 采用的是局域网络 LAN,试述 LAN 协议与 OSI 的层次对应关系、任务及功能。
6. 为什么自动化制造系统需要进行实时动态调度?它的主要内容有哪些?
7. 简述 FMS 的调度规则。
8. 为什么系统管理软件是 FMS 的核心软件?它有哪些功能?
9. FMS 中的实时调度有何特点?其调度的结构层次怎样?
10. 何谓 FMS 的调度策略?试举例说明几种典型的调度规则及其特点。
11. 试分析 FMS 中管理与控制系统的结构。
12. 试描述刀具管理软件的逻辑结构和功能。
13. FMS 的加工过程监控包括哪几个方面?
14. 机械制造设备的自动控制系统由哪几部分构成?
15. 对机械制造设备自动控制的基本要求是什么?
16. 自动控制的主要方式有哪些?
17. 试比较分散控制和集中控制的优缺点。
18. 为什么要对 FMS 中的加工设备进行集成与控制?
19. 在 FMS 环境下,PLC 与数控系统各自完成的功能是什么?
20. FMS 建模和仿真为什么会成为 FMS 的基本研究课题?

第 5 章　FMS 的质量控制系统

质量是产品的生命并贯穿于生产全过程。为了获得合格的产品并保证其质量,必须控制零件的加工、装配等各个环节,影响产品质量的全部因素在生产全过程中始终处于受控状态。自动化加工过程中的质量控制是在传感技术、信号处理技术的基础上,通过计算机及其软件实现在加工过程中对质量数据的获取、处理、分析的,并对加工过程进行有效的控制,从而保证产品的加工质量,满足设计要求。集成质量控制只有采用计算机管理系统后才有可能实现,从而使车间层的质量控制设备具有强大的计算机管理及智能控制能力。在柔性制造过程中,采用多级体系结构的计算机集成质量管理控制系统。

5.1　集成质量控制系统的概念

零件加工过程中的质量控制涉及多个工艺细节,只有将所有的质量控制工作集成到一个系统,才能得到行之有效的质量控制网络。从用户方面来说,要将有关用户的质量要求及产品现场使用性能的数据进行登记处理。这种信息在工程人员构思及设计一件优质产品时是需要的。用户部门的质量数据建立质量控制目标及质量标准。然而,当质量控制的费用太高,达到工厂不能接受的地步时,就会导致完全集成的质量控制操作代价可能更高。在这种情况下,检测作业仍然需要是经济的,对于每一个产品,都有一个最经济的质量检测工作量。质量控制通常按多级(分层)结构形式建立,计算机支持系统也设计成多级体现结构,且每一级支持相应的质量活动。

质量控制和数据处理系统设计,也必须考虑不同级的不同要求,例如,从现场反馈的一般数据和共用数据,必须保存在执行计算机的主文件中。这样,在执行计算机上会有大量数据要处理,从而导致计算机工作量加大。要想消除数据阻塞现象,应避免像在分布调度操作中要求的那种频繁的远距离数据传送。另一方面,在多级体系结构中的最低级终端处,现场质量控制人员需要非常具体的信息完成验收,质量控制人员的数据应分散存储,这样就产生了如何建立分布式数据库这个复杂的问题。现仍需进行大量研究以找到一种优化的分布式数据库,以便数据库管理和通信保持在最小限度。更新文件存在另一种问题,必须确定在不同级之间应该多长时间以及在什么时候传送数据为宜。如果更新不适时,当计算机或部分系统出现故障时,所设计的系统将会面临严重的问题,这时,可能会丢失重要的数据。操作人员需要增加恢复程序,以便在故障出现后使质量控制系统自动恢复。

5.1.1　质量控制计划及功能

质量控制计划是一项类似于工艺计划的工作。它要确定每一种工件的测量参数、公差和测试顺序。此外,还必须制订取样计划,为研究加工能力拟订控制方法,进而确定所存储的质量数据的类型及数量。完成这项计划工作有两种方法:创成法及派生法。创成法类似于质量控制计划人员的判断过程。在创成法中借助于适当组合的功能基元来进行,并提出质量控制计划。这种方法很难计算机化,因为制订这样一个计划需要大量的经验和感性认识。派生法则采用查表方法。在派生法中,质量控制计划是从相似工件所采用的计划中引申出来的。虽然派生法容易实现计算机化,但实施和维护常常需要较高的技术。现有测试仪器的计划调度是计算机的另一项任务。为此要将有关现有测量仪器的所有信息都存储在数据库中。通过描述一种工作的测量内容、批量及制造截止日期,系统将自动分派测试设备。当在截止日期之内不能完成时,将提出另一调度计划。

质量控制计划主要完成检测方法制定、监控与诊断策略的生成,其主要功能有:
（1）从 CAD/CAPP/CAM 中提取质量信息,并用数据模型表述质量特征。
（2）制定被加工工件的检测项目、方法和所用仪器并生成自动检测系统。
（3）选择刀具状态(磨损和破损)及夹具状态的监控策略。
（4）确定设备运行状态监控与故障诊断方法。

产品质量的控制是一个管理过程,它包括对质量性能进行实际测试,再与标准进行比较。保证优质的产品质量是企业保持其竞争地位的重要一环。计算机的应用力图使质量控制走向高度自动化和系统化。质量控制系统的主要部分是行业标准、国家标准及国际标准,这些标准成为制造厂家与用户之间签订契约的一个项目。遵循这些项目是质量保证系统的宗旨。

当产品出现缺陷时,人们关心下列问题：缺陷类型；缺陷出现的位置；发生缺陷的原因；出现缺陷的数目；缺陷的代价等。一件产品正在进行制造及装配时,系统就必须及时发现并找出产品中所有的缺陷。因为在使用现场修理产品的费用大约是在生产厂家的 10 倍。

质量控制系统可以看成是复杂的自适应控制环,应用传感器可以识别产品的所有特性和性能。这项工作可在工厂的许多地方进行,例如收料处、零件开始加工处、组件装配站和成品最终验收测试处。图 5-1 所示为质量控制功能在制造中的分布情况。当产品缺陷原因和出现位置已知时,将着手采用修正或可能的排除措施。可以直接在制造阶段修正,也可以在设计阶段进行修正。

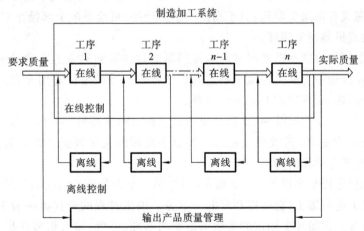

图 5-1 质量控制功能在制造中的分布情况

5.1.2 质量控制方法及测试体系

如上所述,FMS 中产品质量的保证采用计算机控制的测试系统,通过采用计算机,就可以设计出那些常规设备不能完成的新的改进的测试方法。为此必须研究重新设计测试方法及测试设备的可能性。

工程设计实验、验收检测和在线产品测试常常很相似。因此,开始在工程设计部门建立起计算机测试系统是有好处的,甚至可以与开发新产品同时进行,以设计出一套满足要求的测试系统。由于所研制的系统仍可以依靠手工测试系统,所以设备出故障或测试出差错不会成为严重的问题。只有完全掌握了新的测试技术和计算机技术之后,才将设备从实验室移至工厂。必须与设备使用人员一道来开发新的和改进的测试方法,否则,开发出的测试方法将有可能不被使用人员接受。故在开发计算机测试系统时应考虑以下问题。

(1) 当几个相同的测试系统同时使用时,对一台计算机只分派一项或有限的测试数目。小型测试系统易于编程和进行工作,必要时可与高一级较大的计算机相连。测试系统增减容易完成。绝大多数测试需要专用仪器和夹具,当测试方法或测试项目改变时,可以设计可编程测试系统。测试一件相似的产品或者当老产品改变时,只需编写新的测试程序就可很快进行,如果需要改装测试设备的话,也只需作稍许改装。柔性测试系统初始投资可能很高,但产品品种更改几次后,这种柔性设备的投资即可在几年内收回。

(2) 应将产品谱分成相似组或变形组,并为每一组设计一个通用测试系统,典型的测试系统有马达、开关、自动调温器及执行机构。通用测试系统必须是自成一体的,不同部门都能使用。当它们与计算机网络相连时还有一个优点,即当计算机出现故障时,各个测试系统仍可继续工作。

(3) 可以通过编制计算机程序,以不同的时间间隔对测试系统进行检测。这样,可以及时发现系统故障和失准的测量。同样,在测试开始前对所有传感器进行校正是有好处的。计算机还可对测试结果作出自动修正,如温度漂移的补偿等。

测试系统的结构及完成的测试类型取决于产品及测试速度。因此,测试方案及测试系统应集成在制造过程中。测试的步骤为:识别产品;传感器定位;采集测试参数或变量;评定测试结果;计算质量指标;输出测试结果。

上述每个步骤的机械化程度取决于对整个系统自动化要求的程度。对于生产率较低且简单的产品,只需完成自动采集数据;对于高生产率的产品,可能要求全部操作实现自动化,可通过采用进制编码或机器视觉实现。

在许多测试(例如温度和振动测试)中,传感器必须在被测对象上准确接触和定位。对于移动物体,例如在传送带上的工件就很难达到这个要求。准确定位需用非常复杂的夹具。为了防止发生这种问题,通常采用非接触传感器。

采集测试参数、评定测试结果、计算质量指标及输出测试结果都应由计算机完成。自动测试系统的自动化程度越高,其效率也越高。测试中出现的大多数误差是人为因素造成的,因此,最好能采用高度自动化的测试系统。

计算机集成质量控制原理如图 5-2 所示,系统是一个由各环节组成的控制闭环,生产设备在被控制的情况下进行加工,它是控制环的一部分。加工过程的干扰源一般来自于人、材料、机器和加工方法等。在闭环中测试的参数值返回与基准(参考)输入信号作比较,并且计算出新的控制变量。采用质量控制系统,信息反馈可以自动进行或通过操作人员相互配合进行。为了将这些过程参数传送给计算机并对控制变量进行修改,必须完成几次信号转换。通常测出的参数必须通过传感器接口转换成电压信号。例如,压力传感器,所加的压力使金属波纹管伸长。该波纹管借助机械联动装置使电压计的中心游标在分压器的可变电阻上移动。游标与分压器两端之间的电阻率变化作为一个电压变化信号被检测出来,而这个参数与压力变化有关。外部电流信号通过信号线传送到接口电路模/数(A/D)转换器上。在模/数(A/D)转换器上,电流信号再转换成电压信号,然后再转换成数字信息。计算机输出的控制信号要通过一个数/模(D/A)转换器把数字量转换为模拟量,以启动过程控制元件的操作机构。

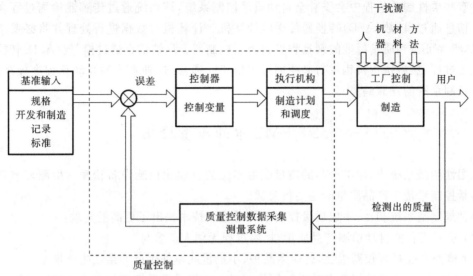

图 5-2 计算机集成质量控制原理

5.1.3 质量控制的设备配置

根据所要求的质量控制系统的自动化程度,质量控制可以采用不同的计算机设备配置,图 5-3 所示为一典型系统。对于一些简单的应用,例如小批量生产的产品,质量控制的观测结果

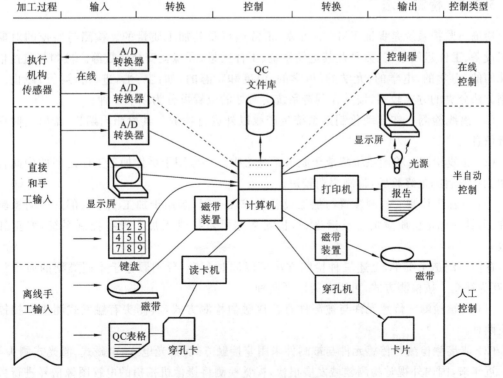

图 5-3 质量控制用的各种设备配置

由检验员记录在质量控制表格上,然后将表格记录的内容转换到穿孔卡上。操作人员对报告作出反应,并手工控制这一过程。

在有些柔性制造过程中会安装全自动质量控制系统,该系统通过传感器检测过程参数的变化。信息通过模/数(A/D)转换器传送给计算机。计算机对数据进行处理并将必要信息存储起来,将保证达到质量标准的新远程参数送至控制器。反馈信息通过模/数(A/D)转换器反馈给加工过程,然后执行机构进行必要的过程修正。通常,这种系统的自动化程度极高,这也是质量控制系统的发展趋势。

5.2 FMS中的质量检测

在柔性制造系统中,加工产品的质量应由相应的自动化检测设备检测。检测环节是制造过程质量控制系统中产品质量的主要信息源。

与常规制造系统相比,集成质量控制系统对检测技术提出了更高的要求:
(1) 检测设备能自动检测产品质量,检测过程无须人工参与;
(2) 检测系统具有较高柔性,适应多品种、小批量或单件生产的柔性生产模型;
(3) 对检测的质量数据能自动进行评价、分析,并将结果反馈到加工设备控制系统。

在机械制造业中,质量检测的主要对象是机械零件,检测内容主要有:
(1) 零件表面的尺寸、形状和位置误差;
(2) 零件表面粗糙程度;
(3) 零件材质,如:表面硬度、夹砂缺陷等。

5.2.1 检测方法

检测与监控系统是保证FMS的可靠、正常运行及其加工质量的。检测与监控的对象有加工设备、工件运储系统、刀具及其运储系统、工件质量、环境及安全参数等。检测与监控信号有几何的、力学的、电学的、光学的、声学的、温度和状态的(如:空、忙、进、出,运行、停止)等。检测方法分类的方式较多,按其在制造系统中所处的位置可分为以下三种。

(1) 离线检测 在自动化制造系统生产线以外进行检测。其检测周期长,难以及时反馈质量信息。

(2) 在线检测 检测系统集成于制造系统之中。一般用于零件加工工序之间的中间检验和加工完毕后的最终检验,检测周期较短。

(3) 过程中检测 检测装置与加工设备集成在一起,多用于加工工序内部的中间检验或工件、刀具的标定。质量信息反馈迅速,检测数据可直接进入加工设备控制系统,修正加工参数。

在同一制造系统中,上述三种检测方法可以同时存在,分别服务于不同类型的质量检测中,互为补充。按检测方式,可以分为以下两种。

(1) 接触检测 传感元件与被测件直接接触的检测方式,其测头有触发式测头和扫描式测头两种。

(2) 非接触检测 传感元件与被测件采用非接触方式,如光电式、电磁式、激光式测头等。

近年来,国内外视觉检测领域发展很快,视觉检测将摄像机拍摄的电视图像信号进行数据处理,得到有关产品质量信息。如印制线路板焊接质量图像检测装置,就是通过摄像头获取了印制线路板面上的实际焊接的图像,通过软件分析可找出有焊接缺陷的部分,以便系统对印制线路板进行质量筛选,如图 5-4 所示。

在自动化制造系统中,制造过程中的检测和过程后的在线检测是质量控制中的主要检测方式。图 5-5 所示为英国 Renishaw 公司的加工中心上的无线测头,其尾部结构与普通刀具锥柄相同,通常存放在刀具库中。测量时由换刀机械手将其安装在机床主轴上。测头的光学元件和固定在机床上的光学单元利用红外光束进行通信,传递控制和测头触发信号。在测头接触工件的一瞬间,触发信号进入机床控制系统,记录下此时的各坐标轴的位置。

图 5-4 一种印制线路板焊接质量图像检测装置
1—传送带;2—伺服电动机;3—滚珠丝杠;
4—直线导轨;5—摄像头;6—被检印制线路板

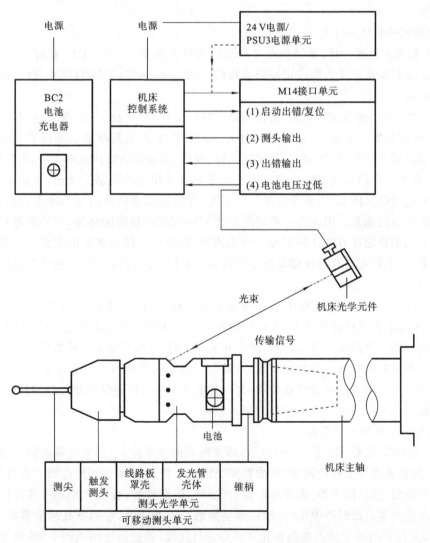

图 5-5 加工中心上的无线测头

5.2.2 加工过程的检测与监控

在现代制造系统中,检测与监控的根本目的是要主动控制质量,防止产生废品。检测与监控系统为质量保证体系提供反馈信息,构成闭环质量控制回路。制造过程中影响加工质量的因素多而复杂,主要来源于刀具、机床、夹具/托盘等,如刀具磨损及破损、刀具受力变形、刀具补偿值、机床间隙、刚度、热变形、托盘零点偏移等。国外统计资料表明,由于刀具原因引起加工误差的概率最高。

1. 坐标测量机

坐标测量机(coordinate measuring machine,CMM)是一种检测工件尺寸误差、几何误差以及复杂轮廓形状的自动化检测设备。它可以单独使用或集成到 FMS 中,与 FMS 的加工过程紧密关联。它具有卓越的性能,例如测量数据精确、可靠;在无人干预的情况下能自动将测量结果与预给定的公差带进行比较,根据比较结果修正刀具补偿值,补偿刀具磨损,防止出现废品;坐标测量机测量时间显著缩短,用传统方法检测一个工件需要几小时,用 CMM 检测只需要几分钟。

1) 坐标测量机结构特点

CMM 和数控机床一样,其结构布局有立式和卧式两类,立式 CMM 有时是龙门式结构,卧式 CMM 有时是悬臂式结构。这两种结构形式的 CMM 都有不同的尺寸规格,从小型台式到大型落地式。

图 5-6 所示是一悬臂式 CMM,它由安放工件的工作台、立柱、三维测头、位置伺服驱动系统、计算机控制装置等组成。CMM 的工作台、导轨、横梁多用高质量的花岗岩制成。花岗岩导轨等材料的特点是热稳定性和尺寸稳定性好,强度、刚度和表面性能高,结构完整性好,标准周期长(即两次校准的日期间隔)。CMM 的安装地基采用实心钢筋混凝土,要求抗震性能好。许多 CMM 能自动保持水平,采用抗振气压系统,有效地减少机械振动和冲击,但有些情况下不需要单独的专门地基。因此在一般情况下,CMM 要求控制周围环境,它的测量精度及可靠性与周围环境的稳定性有关,CMM 必须安装在恒温环境中,防止敞露的表面和关键部件受污染。随着温度、湿度变化自动补偿及防止污染等技术的广泛应用,CMM 的性能已能适应车间的工作环境。

CMM 的三维测头精度非常高,其形式也有很多种,以适应测量工作的需要。三维测头是接触式的,测头触针连接在开关上,当触针偏转时,开关闭合,有电流通过。CMM 控制系统中有软件连续扫描三维测头的输入,当检测出开关闭合时,系统采集 CMM 各坐标轴位置寄存器的当前值。测量精度与开关的可重复性、位置寄存器中的数值精确度和采集位置寄存器数值的速度有关。有些测头能自动重新校准,有一种电动测头可以连续测量复杂的形状,如工件内部形腔表面。

2) 坐标测量机的工作原理

CMM 和数控机床一样,其工作过程由事先编好的程序控制,各坐标轴的运动也和数控机床一样,由数控装置发出移动脉冲,经位置伺服进给系统驱动移动部件运动。位置检测装置,包括旋转变压器、感应同步器、角度编码器、光栅尺、磁栅尺等,检测移动部件实际位置。当测量头接触工件测量表面时产生信号,读取各坐标轴位置寄存值,经数据处理后得出测量结果。CMM 将测量结果与事先输入的制造允许误差进行比较,并把信号回送到 FMS 单元计算机或 CMM 计算机。CMM 计算机通常与 FMS 单元计算机联网,上传和下载测量数据和零件测量

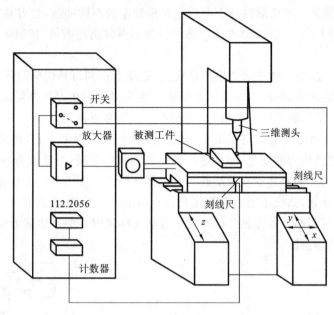

图 5-6　悬臂式坐标 CMM

程序。零件测量程序一般存储在单元计算机中,测量时将程序下载给 CMM 计算机。CMM 计算机在测量过程中起重要作用,其主要功能有:控制图形显示和测量数据的硬拷贝输出;存储和查询测量数据;确定尺寸误差;向单元计算机传送数据文件;存储机床校正数据;比较测量结果;通过程序控制测量过程。

2. 测量机器人

测量机器人在 FMS 中已得到应用。机器人测量具有在线、灵活、高效等特点,特别适合于 FMS 中的工序和过程测量。直接测量时要求机器人具有高的运动精度和定位精度,因而造价也较高。间接测量又称辅助测量,在测量过程中机器人坐标运动是辅助运动,其任务是模拟人的运动,将测量工具或传感器送至测量位置。这种测量方法的特点是:

(1) 机器人可以是通用工业机器人。如车削中心上,机器人可以在完成上下料工作后进行测量,而不必为测量专门设置一台机器人,使机器人同时具有多种用途。

(2) 对传感器和测量装置要求较高。由于允许机器人在测量过程中存在运动和定位误差,因此传感器和测量装置有一定的智能和柔性,能进行姿态和位置调整,并独立完成测量工作。

3. 刀具磨损和破损检测与监控

在金属切削加工过程中,若刀具的磨损和破损未能及时发现,将有可能导致切削过程的中断,引起工件报废或机床损坏,甚至使整个 FMS 停止运行,造成经济损失。因此,应在 FMS 中设置刀具磨损和破损的检测与监控装置。刀具磨损最简单的检测方法是记录每把刀具的实际切削时间,并与刀具寿命的极限值进行比较,达到极限值就发出换刀信号。刀具破损的一般检测方法是将每把刀具在切削加工开始前或切削加工结束后移近到固定的检测装置上,以检测其是否破损。上述两种方法实现方式简单,在 FMS 中得到了广泛应用。在切削加工过程中对刀具的磨损和破损的检测与监控需要附加相应的检测装置,技术上比较复杂,费用较高。

常用的检测与监控方式有如下几种:

(1) 功率检测法　切削时,磨损刀具消耗的功率比锋利刀具大,用测量主轴电动机负载的方法检测刀具磨损,如果功率超过预定的极限值,警示刀具过度磨损,发出换刀信号。

(2) 声发射检测法　在切削过程中发射出超声频率的声脉冲波,当刀具有破损时,声发射强度增加到正常值的 3～7 倍,如果声强传感器检测出声强迅速增加,控制系统就会中断进给,触发换刀。

(3) 学习模式　这是一种进给力检测系统,它记录下锋利刀具切削时传感器的信号值,如果进给力超过预先确定的百分比,在本工步结束后更换刀具。在刀具发生破损时,监测器检测到进给力突然增加,给控制系统发送信号,从而停止进给并更换刀具。

(4) 力检测法　通常采用检测作用在主轴或滚珠丝杠上力的方式,传感器安装在滚珠丝杠驱动机构上,检测进给力的变化,如果进给力变化到预定级别,系统就会触发换刀。

切削过程中切削力的变化能直接反映刀具的磨损情况。图 5-7 中 I 和 II 所示的是切削过程切削力随时间的变化,曲线 I 表示的是锋利刀具切削力的波动,曲线 II 表示的是磨钝了的刀具切削力的波动。两切削力的差值 ΔF 反映了刀具实际磨损。如果切削力突然增大或突然减小,可能预示着刀具的折断。

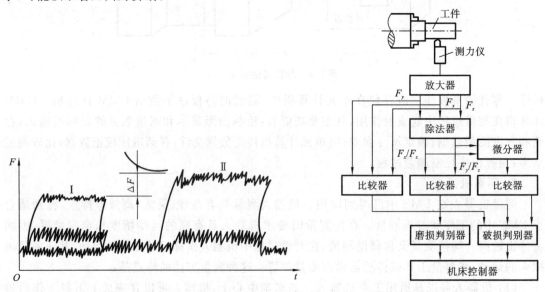

图 5-7　切削过程切削力变化图　　　　图 5-8　切削力测量系统原理

图 5-8 所示为根据切削力的变化判别刀具磨损和破损的测量系统原理。当刀具在切削过程中磨损时,切削力会随之增大,如刀具崩刃或断裂,切削力会骤减。在系统中,由于工件加工余量的不均匀等因素也会引起切削力的变化,为了避免误判,取切削分力的比值和比值的变化率作为判别的特征量,即在线测量 3 个切削分力 F_x、F_y、F_z 的相应电信号,经放大后输入除法器,得到分力比 F_x/F_z 和 F_y/F_z,再输入微分器得到 $d(F_x/F_z)/dt$ 和 $d(F_y/F_z)/dt$。将这些数据再输入相应的比较器中,与设定值进行比较。这个设定值是经过一系列试验后得出的说明刀具尚能正常工作或已磨损或破损的阈值。当各参量超过设定值时,比较器输出高电平信号,这些信号输入由逻辑电路构成的判别器中,判别器根据输入电平值的高低可得出是否磨损或破损的结论。测力传感器(例如应变片)安装在刀杆上的测量效果最好,但由于刀具经常需要更换,结构上难以实现。因此,将测力传感器安装在主轴前端轴承外圈上,一方面不受换刀的影响,另一方面此处离刀具切削工件较近,这对直接监测切削力的变化比较敏感,测量过程是连续进行的。这种检测方法实时性较好,且具有一定的抗干扰能力,但是需要通过试验确定刀具磨损及破损的阈值。

5.3 工件清洗与去毛刺设备

FMS是一个自动化的制造系统,在实际运行中,如果工件、夹具、托盘上的毛刺、切屑、污物、润滑脂以及冷却剂不能及时地自动清除,必然要在系统外对工件进行手工清洗和去毛刺,然后返回到系统中进行其他工序,这样的处理除了增加人工的劳动强度外,还必然导致额外的工件输送和排队等待时间。因此,为了保证加工质量、提高生产率,在FMS中就需要把清洗与去毛刺工艺两者采用自动化处理,并与物料运储系统连接起来,这样可以达到:

(1) 消除手工运输、工件排队、高强度劳动以及工件处理时间;
(2) 改善工件的流程,提高生产率;
(3) 提供一个更清洁和更安全的工作环境;
(4) 减少由于手工处理零件而带来的废品;
(5) 可使机械制造全过程实现全面的自动化。

清洗与去毛刺工序两者比较,清洗更具有柔性,易于纳入自动化系统,而去毛刺的柔性却是有限的。不同的零件可能需要不同的去毛刺方法和过程。有的加工中心配有强力冲洗装置,加工完毕后,利用自身的冲洗装置完成清洗工序,但是这样的方法占用了机床的切削时间。所以,应对FMS系统配置清洗与去毛刺设备。

5.3.1 工件清洗

清洗机有多种类型、规格和结构,但是一般按其工作是否连续,可分为间歇式清洗机和连续通过式清洗机。

间歇式清洗机常用于中小批量生产,以便为后续的检测、装配或者进一步的加工提供一个清洁的工件。每次只清洗一个工件,并连同托盘一起清洗,能自动地将托盘装置固定到一辆悬吊式环形有轨吊车上,并且在清洗与吹干循环期间由吊车带着托盘装置作闭环运行。为了适应不同零件的清洗,有倾斜封闭式清洗机,适用于中小型壳体零件的清洗;有工件摇摆式清洗机,适用于大中型箱体、汽缸体等复杂精密零件的清洗;而机器人式清洗机是用机器人操作喷头,对固定不变的工件进行清洗。

连续通过式清洗机用于大批量生产,零件从清洗机一端送入通过设备时,往往要经过清洗、喷淋、漂洗、干燥等几个工序,然后从另一端输出,再通过传送带与托盘往返机构相连接,进入零件的装卸区。

无论何种清洗机,均需要配置大小、位置以及喷射方向合适的喷嘴,以保证不仅能够清洗工件的外部,而且能够清洗到难以洗到的工件内部。这就需要喷淋清洗液要有足够的压力把切屑从工件、夹具与托盘上冲洗掉。清洗过的工件有时还需接受检查以确认盲孔与凹槽处均得以清洁。

吹风是重要的清洗方式之一,它可以吹去多余的冷却液或清洗液,减少清洗工件的干燥时间。吹风常常使用热空气,既可清洗工件,又可干燥工件,以提高清洗效果。

间歇式清洗机的切屑和冷却液往往直接排入FMS的中央冷却液与切屑处理系统的排放系统中,冷却液最后回到中央冷却液存储箱内。而连续通过式清洗机一般拥有自备的冷却液(或清洗液)存储箱,用于切屑回收与冷却液(或清洗液)的回收。

清洗机实际上就是一台污物收集器,所以它本身的周期性清理也十分重要。而这种清理的方便程度往往是选购时要考虑的主要因素。油泥传送器可以用来处理污物、切屑及类似的废物,通过一个斜面将其送入油泥沉淀器,同时液体通过排水管道流回中央冷却液存储箱。

选择清洗机时除了考虑它的存储方式是否方便外,还要考虑被清洗工件的类型、尺寸、重量、材料以及结构;需要的生产率;被清洗的材料(切屑、切屑油等);后续操作类型(检测、存储、安装或其他加工操作)以及工件装卸、运输方法等。

FMS 中的清洗机要从主控计算机或单元控制器那里接收指令,再将这些指令传送到可编程控制器中,从而实现对清洗机的顺序控制。一台典型的间隙式清洗机的操作过程如下:

(1) 从自动导向小车上将已固定有零件的托盘送上往返于清洗机的输送机构;
(2) 将整个托盘组件送到清洗机前;
(3) 打开清洗机的仓门,并将托盘组件送入清洗区,将其固定在有轨吊车上,并关闭大门;
(4) 托盘组件随吊车作 360°的闭环运动;
(5) 高压冷却液从喷嘴喷向整个托盘组件,使切屑、污物以及润滑油脂落入排污系统;
(6) 一定时间后,冷却液关闭,而托盘组件仍随吊车运动,此时,开始热空气的吹风循环;
(7) 吹风一段时间后,有轨吊车返回其初始位置;
(8) 松开托盘组件,打开清洗机的仓门,托盘组件送入往返输送机构,至此清洗结束。

5.3.2 工件去毛刺

(1) 机械法 借助于工业机械手,夹持旋转的钢丝刷或砂轮,利用机械手的关节手臂运动对有毛刺的部位进行打磨以去除毛刺。机械手能够从工具库的架子上挑选钢丝刷或砂轮以适应零件不同部位的去毛刺需要。但是这种方法往往因为机械手的手臂关节缺乏足够的刚度和精度,在许多场合不适宜使用。而且由于零件的结构不同,有的零件还不能用此法去毛刺,不得不配备其他去毛刺设备。

(2) 振动法 这是为较小的回转体或棱体类零件去除毛刺而设计的一种方法。一般将待去毛刺的零件放入一个大的容器内,容器中充满了粒状陶瓷介质,介质的尺寸大小根据带毛刺零件的类型、大小以及材料的不同而变化。容器的快速往复振动使零件的各部位与陶瓷介质相对运动和摩擦从而去除毛刺,还能对零件表面进行抛光。振动的强弱可以调节,以适应不同大小的零件。

(3) 热能法 热能法去毛刺的过程是毛刺在高温下氧化成粉末的过程。热能去毛刺机把带毛刺的零件密封在一个充满高压可燃气体与氧气混合的容器内,零件上的毛刺,不论在外部、内部、还是盲孔位置,都被这种混合气体包围,当火花塞将混合气体点燃后,它就产生一股瞬时的高温热浪,因为毛刺部分的表面积与体积之比较大,毛刺在瞬间就燃烧掉了,在 15~30 s 的循环时间内,毛刺不断氧化并转变成粉末,然后再用溶剂把工件清洗干净。

这种方法是唯一的能均匀去除毛刺的方法,它能把所有零件上不需要的材料从其表面上除掉,甚至可从难以达到的内部凹槽和相贯孔上除掉毛刺,而且事后不必检查。因此,广泛地用于钢铁金属和非铁金属零件的去毛刺工序。

(4) 电化学(电解)法 这种方法是通过电化学反应,把零件上的金属材料溶于电解液中,从而去除零件上的毛刺。电化学去除的工具电极接在直流电源的负极,有毛刺的零件接在电源的正极,中间通过一定压力和流速的电解液,然后接通直流电源,这样,作为阳极的金属就会逐渐发生电化学溶解,从而达到去除零件毛刺(或成形)的目的。

电化学或电解法可有效地去除任何尺寸零件的毛刺,而且去除毛刺的质量很高。在处理过程中,由于工具电极(阳极)没有磨损,其位置可以固定,所以操作非常简单,生产率高,适合于自动化加工;在处理过程中不产生热应力和机械应力,不会使工件发生变形;适用的材料范围和硬度变化范围也很宽。

5.4 切屑处理及冷却液处理系统

切屑处理及回收系统和冷却液供应及回收系统是 FMS 中必备的辅助系统,必须在制造系统的总体设计中予以兼顾,因为它直接影响 FMS 的使用效率。在 FMS 中考虑切屑的处理包含三个方面的问题,首先要生成便于清除的切屑形状,其次考虑切屑的排除,再次是整个切屑处理系统的设计。

机械加工时所生成的切屑,因工件的材质、加工方法、切削条件、刀具形状及材料等的不同而不同。从切屑处理的观点来看,螺旋状长切屑和粉碎的切屑是最不好处理的,应尽可能产生卷成数圈的螺旋状的切屑。为此,对断屑的形成机理必须加以研究。目前最通用的控制切屑形状的方法是使刀具上具有断屑槽。但并不存在一种适用于所有加工方法的万能断屑槽,所以在 FMS 中必须仔细运用断屑槽来制定加工条件,并设计排屑性能良好的工装夹具。

排屑自动化要从三个方面来考虑:
(1) 从加工区域把切屑清除出去;
(2) 从机床内把切屑输送到自动线以外;
(3) 从冷却液中把切屑分离出去,以便继续回收使用冷却液。

1. 从加工区域清除切屑

为了保证切削过程的正常进行,必须不断地从加工区域清除切屑。清除切屑的方法取决于切屑的形状、工件的安装形式、工件的材质、加工工艺方法、机床类型及其附属装置的布局等因素。一般有以下几种方法。

(1) 靠重力或刀具回转离心力将切屑甩出,利用切屑的自重落到机床下部的切屑输送带上。要采用易排屑的床身结构,或将机床设置在倾斜的基座上,并利用切屑挡板或保护板使加工空间完全密闭起来,防止切屑的飞散,使之容易聚集,便于清除,同时也使得环境整洁。

(2) 用大量的冷却液冲洗加工部位,将切屑冲走,然后利用过滤器把切屑与冷却液分开。

(3) 采用压缩空气吹屑。

(4) 采用真空吸屑。对于干式磨削工序及铸铁等脆性材料在加工时形成的粉末状切屑,用此方法最为合适。在每一加工工位附近,安装与主吸管相通的真空吸管。

(5) 在适当的运动部件上附设刷子或刮板,周期性地将加工区域积存下来的切屑清除出去。

2. 将切屑运出线外

集中排屑装置一般放置在机床底座下的地沟中,这类装置分为机械式、流体式和空压式三类。不同类型的排屑装置适用于不同的切屑材质和状态。一般情况下,机械式排屑装置适合于各种类型的切屑。

机械式排屑装置种类很多,下面简单介绍常见的几种。

(1) 平板链式切屑输送机　如图 5-9 所示,这种装置以滚动链轮牵引钢质平板链带在封闭箱中运转,加工中的切屑落到链带上被带出机床。这种装置能排除各种形状的切屑,适应性

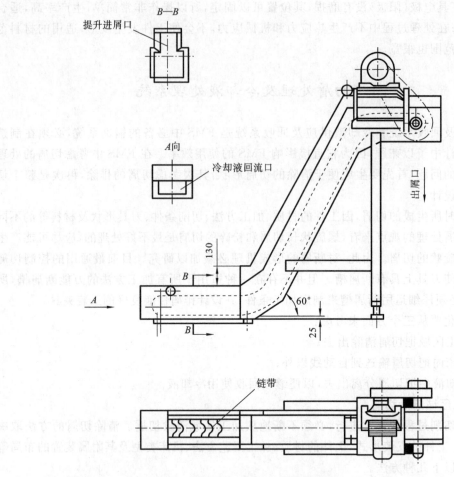

图 5-9 平板链式切屑输送机

强,各类机床都能用。在车削类机床上使用时,多与机床冷却液箱合为一体,以简化机床结构。

(2) 刮板式切屑输送机 如图 5-10 所示,这种切屑输送机的传动原理与平板链式的基本相同,只是链板不同,它带有刮板。这种装置常用于输送各种材料的短小切屑,排屑能力较强,因负载大,故采用较大功率的驱动电动机。

(3) 螺旋式切屑输送机 如图 5-11 所示,这种装置是采用电动机经减速装置驱动安装在沟槽中的一根长螺杆,螺杆按要求的旋向转动时,沟槽中的切屑即由螺杆推动连续向前运动,最终排入切屑收集箱内。螺杆有两种结构形式,一种是用扁钢条卷成螺旋弹簧状结构;另一种是在一根轴上焊上螺旋形钢板结构。该装置占据空间小,适合安装在机床与立柱间空隙狭小的位置上。螺旋式切屑输送机结构简单,排屑性能良好,但只适合沿水平或小角度倾斜直线方向排运切屑,不能大角度倾斜、提升或转向排屑。

上述三种排屑装置的安装位置一般都尽可能靠近刀具切屑区域。如车削类机床的排屑装置,装在回转工件的下方,铣削类机床的排屑装置放在床身的回水槽上或工作台边侧位置,以有利于简化机床或排屑装置的结构,减少机床占地面积,提高排屑效率。排出的切屑一般都落入切屑收集箱或小车中,有的则直接排入车间的排屑系统。

3. 从冷却液中分离切屑

(1) 将切屑连同冷却液一起排送到冷却站,通过孔板或漏网时,冷却液漏入沉淀池中,通

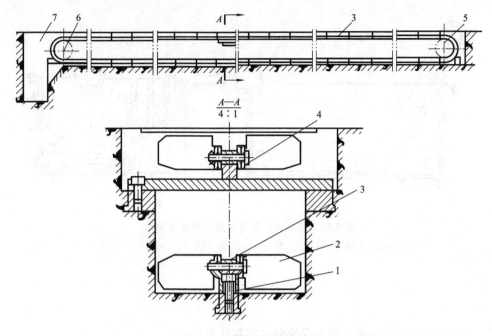

图 5-10 刮板式切屑输送机

1—支撑;2—刮板;3—链条;4—上支撑;5,6—链轮;7—储液池

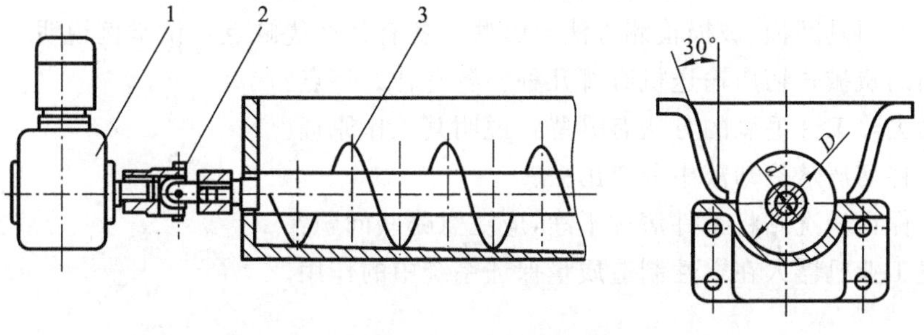

图 5-11 螺旋式切屑输送机

1—减速器;2—万向接头;3—螺杆

过迷宫式隔板及过滤器进一步清除悬浮杂物后被泵重新送入压力管。留在孔板上的切屑可用刮板式排屑、输屑装置将其排出和收集。

(2) 切屑和冷却液一起直接送入沉淀池,然后用输屑装置将切屑运到池外。这种方法适用于冷却液冲洗切屑而在自动线上可使用任何排屑装置的场合。

图 5-12 所示为带刮板式输屑装置的单独冷却站。切屑和冷却液一起沿斜槽 2 进入沉淀池。在沉淀池内,大部分切屑向下沉淀,顺着挡板 6 落到刮板式输屑装置 1 上,随即将切屑排出池外。冷却液流入液室 7,再通过两层网状的隔板 5 进入液室 8,这时,已经净化的冷却液即可由泵 3 通过吸管 4 送入压力管,以供再次使用。

对于极细碎的切屑或磨屑的处理,一般在冷却站内采用电磁带式输屑装置,将碎屑或粉屑吸在带上排送出池外。从池中分离出细的铝屑是很困难的,因为它们不容易沉淀。可使用专门的纸质或布质的过滤器,纸带或布带不断地从一个滚筒缠到另一个滚筒上,从而不断地将沉淀在带表面上的屑末清除掉。

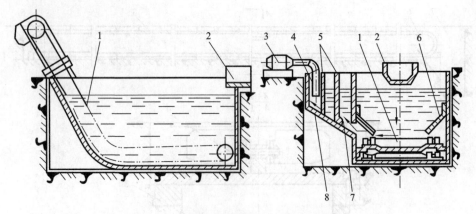

图 5-12 带刮板式输屑装置的单独冷却站
1—输屑装置；2—斜槽；3—泵；4—吸管；5—隔板；6—挡板；7,8—液室

思考题与习题

1. 自动化制造系统检测与监控系统的作用是什么？
2. 集成质量控制系统对检测技术有哪些要求？
3. 三坐标测量机有哪些结构特点？在 FMS 中有哪些检测功能？
4. 常用的刀具磨损、破损检测方法有哪些？各有什么优缺点？试举例说明。
5. 常用的机械式切屑输送机有哪几种？各有什么特点？
6. 自动去除工件毛刺的方法有哪些？说明其工作原理。
7. 如何将切屑从冷却液中分离出去？
8. 为了保证清洗站将工件清洗干净，应注意哪些问题？
9. 简述工业机器人在柔性制造质量保证系统中的作用。

第6章 FMS应用实例

6.1 DENFORD FMS系统概述

6.1.1 DENFORD FMS系统及其配置

DENFORD FMS系统是英国DENFORD公司20世纪90年代初生产的柔性制造系统。这种制造系统扩充了CAD和CAM功能,可由计算机控制完成从设计到制造的全部生产过程。如图6-1所示,DENFORD FMS由主控计算机、单元控制器(A、B)、通信网络接口、两台机器人(1、2)、一台数控车床、一台数控铣床、一条输送带、料斗以及CAD、CAM、FMS-NET软件等构成。

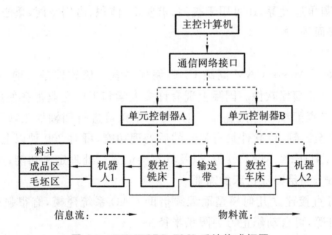

图6-1 DENFORD FMS系统构成框图

虽然DENFORD FMS主要用于教学或培训,但是其仍具有一定的加工生产能力。其中,数控车床:床身上工件最大回转直径 $\phi 250$ mm,最大车削直径 $\phi 160$ mm,卧式自动刀架可安装6把刀具,系统最小设定单位0.01 mm/p;数控铣床:工作台面积500 mm×160 mm,最小设定单位0.01 mm/p,斗笠式刀库可容纳6把刀具;机器人的提升能力:1.2 kg。该FMS系统主要用于回转类零件及其表面铣、钻等加工,可满足一般精度及表面粗糙度要求的零件加工,其组成如图6-2所示。

6.1.2 DENFORD FMS系统的主要功能

1. CAD功能

DENFORD FMS系统配置了Autodesk公司的CAD软件,可以完成二维和三维空间计算机辅助设计和绘图。它可以支持二维和三维空间的实体构造和编辑设计,并可随时访问图形和模块,同时提供用三维模块将多个图形连成一体的有效方法。

AutoCAD软件可绘制点、线、弧、圆、多边形、椭圆、壳、直纹曲面、回转曲面、参数曲面、

图 6-2 DENFORD FMS 组成设备照片
1—输送带；2—机器人 1；3—数控铣床；4—数控车床；5—机器人 2；6—主控计算机

Coons 曲面、Bezier 曲面、啮合面、三维实体、三维曲面、阴影线等。

该系统具有高级模块扩展（AME）功能，可直接构造实体模块，如长方体、圆锥体、圆柱体、球、圆环、楔形体、挤压和旋转廓形、三维实体线框和表面模型，也可用于修改进行布尔运算（交、并、余）、倒角、圆角过渡等，还可用于查询、求质量、体积、占用空间、重心、惯性矩、惯性积、主矩和主轴、实体表面等。

2. CAM 功能

CAM 软件配备了 MasterCAM 高级 CNC 编程系统。该软件是目前国际上功能较为强大、最易于使用的 CNC 编程软件。国际上现有许多大学和工厂企业都在使用 MasterCAM 软件，它可用于二维、二点五维和三维编程。对 CNC 车床可进行四轴加工，CNC 铣床可提供五轴，激光和冲床提供至二轴，该软件具有强大的后处理功能，可对 200 种以上的系统进行编程，如 FANUC、HEIDENHEIN、MAHO 等，以及具有会话式后处理定义功能，用户可自行定义各种数控程序输出格式，满足特殊机床的需要。

MasterCAM 可直接建立几何模型而无须借助 CAD 系统建模，有很强的几何建模能力，如样条、椭圆和字符等，可自动修正刀尖圆弧半径。

MasterCAM 软件可定义刀库、材料库，以便使用不同的刀具和材料，并可自动计算切削参数，自动进行刀具轨迹模拟，并计算切削加工所需时间，使零件加工程序在实际加工之前得到检验。

车削软件可对钻孔、粗精加工、切槽、车端面、车螺纹等工序进行编程；铣削软件可进行外形铣削、铣盲孔、挖槽、文字加工、2.5 维扫描曲面、直纹曲面、投影曲面、旋转曲面、Coons 曲面、NURBS 曲面、参数曲面、等高线粗加工、曲面相交、圆角处理、曲面修整等编程加工。

3. DENFORD FMS 系统功能

DENFORD FMS 系统是为教学培训而专门设计的，目的是将机械制造业的最高水平反映在培训系统中，它由一系列"模块"组成，可根据用户的不同要求进行配置，最简单的配置可以只有一台机床和一台机器人，如果需要可随时扩充，最大可容纳 64 台机床，32 台机器人，一条输送带和一台在线测量系统。

1) DENFORD 柔性制造系统的组成

由图 6-1 可知，该系统主要包括主控计算机、单元控制器、工件输送系统及控制软件等。

(1) 主控计算机　主控计算机是一台 IBM PS/2 微型计算机,通过 FMS-NET 网络将系统各部分连成一体,并配有急停控制箱,控制软件形成必要的加工顺序,指导零件在适当位置上加工。制造次序和加工程序可直接从主控计算机输入,也可由与系统联网(如 Novell 网)的上级计算机的 CAD/CAM 系统产生零件加工程序。当零件加工程序和机器人动作顺序都已编制完成并已送至执行机构之后,操作人员可以进行单步运行以便进一步检查程序或进入自动方式,进行自动化加工制造。

(2) 单元控制器　FMS 系统中的每个全自动工作单元都由自己的控制系统进行控制,这减少了主控计算机的工作负荷从而可得到更为有效的控制。

单元控制器之间由网络连成一体,以便零件的顺序信息能够在单元之间相互通信,并随时监测和识别托盘的标识码,实现在单元之间进行零件的传递和输送。每个单元控制器配有 RS232 接口、RS485 接口、5 个并行 I/O 接口,并有硬件急停系统。主控计算机随时监测并将单元控制部分停止下来,在主控计算机旁安装了急停按钮。

数控程序和机器人程序均可从单元控制器经 RS232 接口送至机床和机器人。这样,FMS 可以依次加工同类产品中的不同零件。

主控计算机与单元控制器之间由 RS485 接口进行通信,传送中用被传送数据的和来检查传送是否有误。另外,还有总体检查,以防止信号内的噪声干扰。

(3) 工件输送系统　FMS 系统配有托盘输送系统在自动制造单元之间进行毛坯和零件的传递。每个托盘有唯一的标识码,由装在托盘站的传感器进行检测,零件的差别意味着要改变加工过程。托盘码有奇偶校验位,防止识别错误,使得传送更为可靠。托盘站用于将零件从输送带起始位置送至加工单元。

(4) 控制软件　先进的 FMS 软件允许操作者对全套 FMS 系统重新调整,改变零件和零件的加工次序,以便使加工效率最高。系统允许将零件设计的 CAD 和生成程序的 CAM 予以集成,也可由 FANUC 脱机编程器进行编程,这样即可进行脱机模拟和验证。一旦完成零件设计和 NC 程序编制之后,操作者便可生成自己的 FMS 软件。同时可借助显示器屏幕得到每个菜单的功能和输入信息。当系统被建立之后,用示教盒将机器人移动至规定的位置建立机器人传送工件运动路线。机器人的操作菜单非常友好和简便,可以给出很清楚的编程命令,使操作者在机器人编程和运行中得到第一手体验。

2) DENFORD 柔性制造系统的操作方式

根据 DENFORD FMS 设定的功能,它支持三种不同的操作形式,供系统运行使用。

(1) 手动操作　手动操作允许用户单个运行 FMS 中功能模块,例如传送零件,检验机器人的运动,传送控制程序使机床运行等。为安全起见,系统设有互锁功能以防事故,例如当机床夹具虎钳合上时,机器人不许上料。

(2) 模拟方式　FMS 中的一个主要问题是机床应用,DENFORD FMS 允许模拟自动化工作循环,这使操作者能够检验系统能否正确运行,并在图上显示出执行情况及工作时间;当循环结束后,显示机床运行时间。操作者可改变加工顺序,以使系统效率更高,这是一种较理想的方法,由它可进行过程设计从而达到较高的生产率。

(3) 自动模式　当选择自动模式时,FMS 由软件控制运行,所有操作自动完成。系统运行时屏幕上会显示零件的动作顺序,正在加工的零件及运送中的零件。在自动循环过程中可以临时停车,以便替换工件或讨论问题,之后系统可随时恢复并继续加工过程。

6.1.3 系统硬件及接口

DENFORD FMS 系统的主控计算机与 Cell A 单元控制器之间采用 RS485 串行接口连接，Cell A 单元控制器再与 Cell B 单元控制器之间也用 RS485 串行接口连接；Cell A 与数控铣床控制系统、机器人 1、输送带 Conveyor 通过接口连接，Cell B 与数控车床控制系统、机器人 2 也通过接口连接。

两台机器人是日本三菱公司制造的产品，采用步进方式驱动，其专用驱动器与 Cell A 连接通信。

数控铣床的通信接口线路包括 RS232 接口与 Cell A 连接，还有显示接口；数控系统控制器为 8085CPU。

数控车床的通信接口线路包括 RS232 接口与 Cell B 连接，还有显示、键盘接口；数控系统控制器为 80286CPU。

6.1.4 控制软件

DENFORD FMS 的控制软件主要有：网络通信软件，FMS 系统控制软件。系统软件配置分六步完成，即硬件设备布局、配置数控车床 MIRAC、配置数控铣床 TRIAC、配置机器人 1、配置机器人 2 以及在磁盘上保存配置文件。配置完成后，启动 FMS 软件即可进入其主菜单界面。下面是它的主菜单项和当前配置菜单项。

Denford Main Menu

Start Automation Operation
Manual Control
System Configuration
Offline Programming
Load Setup File
Initialize System
Enter Dos Commands
Exit System

Current Settings

Conveyer Position of Robot 2：11
Conveyer Position of Robot 3：0
Communications Port (Cell Number)：2
System Offline：1
Sound：0
Offline Pause (Seconds)：1
Number of Robots：2
Number of Conveyer position：14
Setup Filename：China.fms（配置磁盘文件名）

对于两台机器人的位置指令值设置有：

Robot one：

    Move from Park to Hopper to Conveyer：15

    Move from Park to Conveyer to TRIAC：8
    Move from TRIAC to Park：5
    Move from Park to TRIAC：6
    Move from TRIAC to Chute：7
  Robot Two：
    Move from Park to Conveyer to MIRAC：1
    Move from MIRAC to Park：2
    Move from Park to MIRAC：3
    Move from MIRAC to Conveyer：10
    Move from Conveyer to Park：6

  上述机器人设置完成后,可将配置的设备名及参数保存到磁盘文件(如用命令：Save,System.FMS)。

6.2 DENFORD FMS 的数控车床

6.2.1 数控车床坐标系及编程代码

1. 机床坐标系的规定

  DENFORD 数控车床采用笛卡儿右手直角坐标系,两轴联动,具有 X、Z 轴以及相应的 U、W 轴,机床系统启动,执行回零(机械原点)后,机床坐标系就建立起来了。

2. G、M 代码

  数控系统的准备功能字有：G00～G99;辅助功能字有：M00～M99,与 ISO 标准通用。
  其中应特别指出以下代码功能。
  G20：inch 方式；
  G21：metric 方式；
  G50：主轴最高转速限制；
  G96：主轴恒线速度切削；
  G97：注销主轴恒线速度切削；
  G98：每分钟进给速度,mm/min；
  G99：每转进给速度,mm/r；
  I,K：刀具切削圆弧时,圆弧中心相对刀具刀尖起点的 X、Z 轴方向的投影,半径编程时用 R；
  P＊＊＊＊,Q＊＊＊＊：分别为自动循环的起始和结束标识号,其中"＊＊＊＊"为四位十进制数,并与字母 P 组合还表示子程序名,如"P1234"表示子程序名。
  车削类固定循环指令：单一固定循环指令包括 G77、G78、G79 或 G90、G92、G94,为一次进刀加工循环。复合固定循环指令包括 G70～G76,为多次走刀切削的固定循环。下面重点介绍复合循环指令 G70、G71、G72、G73。应用多重复合循环功能,可以进一步简化编程工作,只需指定精加工路线和粗加工的参数,系统会自动计算粗加工路线和加工次数。
  1) 外径/内径粗加工复合循环 G71
  如图 6-3 所示为 G71 的切削加工路线,该指令将工件切削到精加工之前的尺寸,精加工前工件形状及粗加工的刀具路径由系统根据精加工余量及精加工路径自动确定。其主要用于切除棒料毛坯的大部分余量。图中 A 为粗车循环的起点，A' 为精加工路线的起点，B 为精加工路线的终点。R 表示快进，F 表示工进。只要在程序中给出 $A \rightarrow A' \rightarrow B$ 之间的精加工的形状及径向精车余量 Δu、轴向精车余量 Δw 及每次进刀的切削深度 Δd 和退刀量 e，即可完成相应的粗车工序。循环结束后刀具自动回到 A 点。

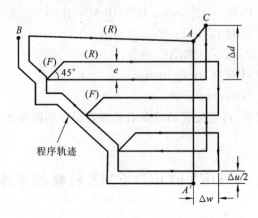

图 6-3　G71 外径粗车循环走刀路线

编程时按下列格式：

G71 U (Δd) R (e);

G71 P (ns) Q (nf) U (Δu) W (Δw) F (f) S (s) T (t);

N (ns)…;在顺序号 N (ns) 和 N (nf) 的程序段之间，指定由 $A \rightarrow A' \rightarrow B$ 的粗加工路线（包括多次进刀循环和形状程序等）

…;

N (nf)…;

其中：

Δd——每次半径方向（即 AA' 方向）的吃刀量（该切深无符号），半径值；

e——每次切削循环 X 轴向的退刀量，半径值，退刀量也可由参数指定；

ns——指定由 A 点到 B 点精加工路线（形状程序，符合 X、Z 方向共同的单调增大或缩小的变化）的第一个程序段序号；

nf——指定由 A 点到 B 点精加工路线的最后一个程序段序号；

Δu——X 轴方向的精车余量（直径值）；

Δw——Z 轴方向的精车余量；

f,s,t——粗车同 F,S,T 参数，这里可省略。

2) 端面粗加工复合循环 G72

如图 6-4 所示为 G72 的切削加工路线，该指令适用于圆柱棒料毛坯直径较大端面方向的加工，其功能与 G71 基本相同，唯一区别在于 G72 只能完成端面方向的粗车，刀具路径按径向方向循环，即刀具切削循环路径平行于 X 轴。

编程时按下列格式：

G72 W(Δd) R (e);

G72 P (ns) Q (nf) U (Δu) W (Δw) F (f) S (s) T (t);

N (ns)…;在顺序号 N (ns) 和 N (nf) 的程序段之间，指定由 $A \rightarrow A' \rightarrow B$ 的粗加工路线

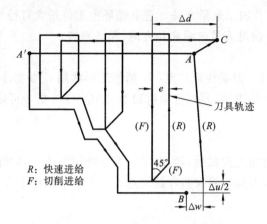

图 6-4 G72 端面粗车循环走刀路线

（包括多次进刀循环和形状程序）

…;

N（nf）;

其中:G72 格式中的参数含义同 G71。

3）固定形状粗加工复合循环 G73

如图 6-5 所示为 G73 的切削加工路线,该指令用来加工具有固定形状的零件。这种切削循环可以有效地切削铸造成型、锻造成型或已粗车成型的工件。

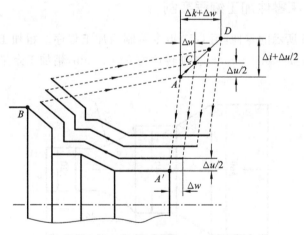

图 6-5 G73 端面粗车循环走刀路线

编程时按下列格式：

G73 U(Δi) W(Δk) R (d);

G73 P (ns) Q (nf) U (Δu) W (Δw) F (f) S (s) T (t);

N (ns)…;在顺序号 N (ns) 和 N (nf) 的程序段之间,指定由 $A \rightarrow A' \rightarrow B$ 的粗加工路线（包括多次进刀循环和形状程序）

…;

N (nf);

其中：

Δi——粗切时,X 方向退刀量的距离和方向,半径指定,模态有效。实际上就是 X 方向总

加工余量,它与毛坯种类及加工余量有关。它取循环中工件最大直径与最小直径差值的一半;

Δk——粗切时,Z 方向退刀量的距离和方向,模态有效;

d——粗加工次数。

其余参数含义同 G71。但要注意三点:① 精加工形状用 G73 指令中顺序号 ns 到 nf 的程序段来指令;② G73 指令结束后,刀具自动返回 A 点;③ G73 指令可以加工 X、Z 向非单调变化的工件。

4) 精加工复合循环 G70

当 G71、G72、G73 粗加工完成后,再用 G70 指令精加工循环,切除粗加工中留下的余量。当 G70 循环加工结束时,刀具返回到循环起始点并读入下一个程序段。

指令格式:

G70 P(ns) Q(nf);

需要指出的是:执行循环期间刀尖半径补偿有效。在 G70 状态下,G71、G72、G73 程序段中指定的 F、S、T 功能无效,但在执行 G70 时,顺序号 ns 到 nf 之间程序段中指定的 F、S、T 功能有效。

3. 程序结构

DENFORD NC 车床系统支持主、子程序调用。用指令:M98 P＊＊＊＊,调用子程序"＊＊＊＊"为四位十进制数,如"1234"为子程序名;用指令 M99 结束子程序调用并返回。程序调用嵌套可达 4 层。

6.2.2　NC 车床零件加工编程实例

例 6-1　如图 6-6 所示的零件,用 G71 指令编制粗加工程序。粗加工切削深度为 5 mm,退刀量为 1 mm,进给量为 0.3 mm/r,主轴转速为 640 r/min,精加工余量 X 向为 2 mm,Z 向为 1 mm。

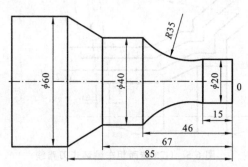

图 6-6　外圆粗车循环 G71 例图

参考程序如下:

O6001
N5 G92 X100.0 Z100.0;
N10 M03 S640 T0101;
N15 G00 X65.0 Z2.0;定位到循环起点
N20 G71 U5.0 R1.0;
N25 G71 P30 Q55 U2.0 W1.0 F0.3;
N30 G01 X20.0;

N35 G01 Z-15.0;
N40 G02 X40.0 Z-46.0 R35.0;
N45 G01 Z-67.0;
N50 X60.0 Z-85.0;
N55 Z-110.0;
N60 G00 X100.0 Z100.0 T0100 M05;
N65 M30;

例 6-2 如图 6-7 所示零件，用 G72 编制粗加工程序。粗加工切削深度为 2 mm，退刀量为 0.5 mm，进给量为 0.3 mm/r，主轴转速为 640 r/min，精加工余量 X 向为 1 mm，Z 向为 0.5 mm。

参考程序如下：
O6002
N5 G92 X200.0 Z100.0;
N10 M03 S640 T0101;
N15 G00 X170.0 Z2.0;定位到循环起点
N20 G72 W2.0 R0.5;
N25 G72 P30 Q60 U1.0 W0.5 F0.3;
N30 G01 Z-70.0;
N35 G01 X160.0;
N40 X120.0 Z60.0;
N45 Z-50.0;
N50 X80.0 Z-40.0;
N55 Z-20.0;
N60 X40.0 Z0;
N65 G00 X200.0 Z100.0 T0100 M05;
N70 M30;

例 6-3 如图 6-8 所示零件，试用 G73 指令编制粗加工程序。
O6003
N5 G92 X100.0 Z100.0;
N10 M03 S640 T0101;
N15 G00 X60.0 Z3.0;定位到循环起点
N20 G73 U10.0 R5;
N25 G73 P30 Q55 U1.0 W0.5 F0.3;
N30 G01 X20.0;
N35 G01 X30.0 Z-15.0;
N40 G03 X30.0 Z-45.0 R25.0;
N45 G01 X30.0 Z-67.0;
N50 X40.0 Z-85.0;
N55 Z-100.0;
N60 G00 X100.0 Z100.0 T0100;

N65 M05;
N70 M30;

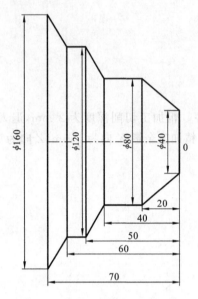

图 6-7 端面粗车循环 G72 例图

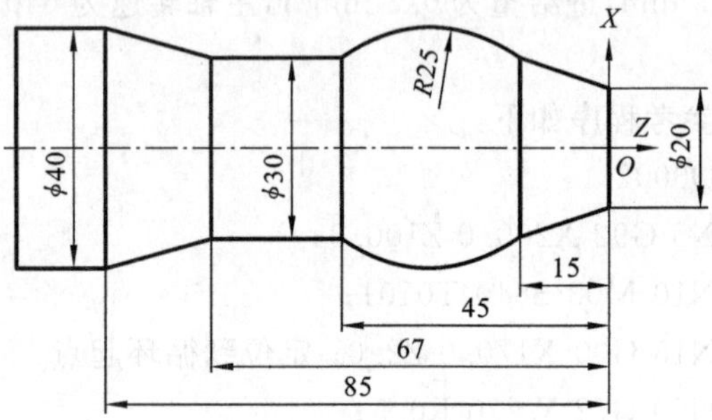

图 6-8 固定形状车削循环 G73 例图

例 6-4 编制如图 6-9 所示零件的加工程序,毛坯尺寸:$\phi 65$ mm×120 mm,材料:45 钢。

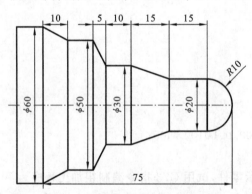

图 6-9 精加工循环 G70 例图

参考程序如下:
坐标系建立在工件右端面($O\text{-}Z\text{-}X$)
O6004
N05 G92 X100.0 Z100.0;
N10 M03 S500 T0101;
N15 G00 G42 X70.0 Z2.0;
N20 G71 U1.5 R0.5;
N25 G71 P30 Q70 U0.5 W0.1 F0.2;
N30 G01 X0.0;
N35 G01 Z0.0;
N40 G03 X20.0 Z-10.0 R10.0 F0.1 S1000;

N45 G01 W-15.0;
N50 X30.0 W-15.0;
N55 W-10.0;
N60 X50.0 W-5.0;
N65 W-10.0;
N70 X60.0 W-10.0;
N75 G70 P30 Q70;
N80 G00 G40 X100.0 Z100.0 T0100 M05;
N85 M30;

例 6-5 主、子程序结构示例。

O1234;主程序名
N001 G00 X0 Y0;
…;
N050 M98 P5678;
…;
N150 M30;
O5678;子程序名
N001 G01 X100 Y100 F100;
…;
N040 M98 P9000;**调用另一子程序（O9000）**
…;
N100 M99;

注：上述"O＊＊＊＊"均为硬盘或磁盘存储文件，以文本格式保存。编程时，可以省略行号（如 N001、N002 等），需要时可以加上。

例 6-6 综合编程举例，用 G71、G70 编制如图 6-10 所示的零件车外圆加工程序。

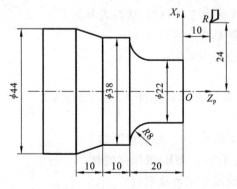

图 6-10 用 G71、G70 加工例图

根据零件图进行工艺分析，建立图 6-10 所示的工件坐标系（Z_p-O-X_p）。选择外圆车刀 T0101 分别进行粗、精加工。编制加工程序如下。

O6005
N010 G92 X48.0 Z10.0;
N020 T0100;无长度和磨损补偿

N030 G96 S55 M04；

N040 G00 X45.0 Z5.0 T0101；刀具补偿号 01

N050 G71 U2.0 R1.0；切削深度为 2 mm，退刀量为 1 mm

N060 G71 P070 Q110 U0.6 W0.3 F0.2；精加工余量径向为 0.6 mm、轴向为 0.2 mm

N070 G01 X22.0 F0.1 S58；

N080 W-17.0；

N090 G02 X38.0 W-8.0 R8；

N100 G01 W-10.0；

N110 X44 W-10.0；

N120 G70 P070 Q110；用 G70 进行精加工一次

N130 G28 U30.0 W30.0；

N140 M30；

例 6-7 用 G71、G70 编制如图 6-11 所示的零件车外圆加工程序。图 6-11 中的左图留作铣削加工编程用。

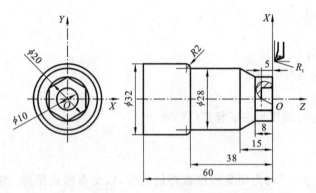

图 6-11　G71、G70 加工例图

(1) 进行工艺分析，建立编程坐标系

根据 DENFORD NC 车床和工件材料，选择刀具如下。

粗车：用 T01 车刀，切深系统自定；

精车：用 T03 车刀，单边切深 0.15；

中心孔：用 T02 刀。

对于此工件，建立如图 6-11 所示的工件坐标系：$Z\text{-}O\text{-}X$。

(2) 编制零件加工程序

使用 DENFORD NC 车床加工时，编制程序如下：

O6006；程序名，文件名用"*.MIR"可保存硬盘

G99 G40 G50 S2500；设定主轴转速限定

G96 S175；

G28 U0 W0；

M06 T01；

G00 X34 Z2 M03；

G01 Z0 F0.3；

X-1.0 F0.075；切端面

```
G00 X32 Z2;
G71 U0.4 R0.4;
G71 P1 Q2 U0.3 W0.15 F0.075;
N1 G01 X20 F0.05;复合循环开始
Z0;
Z-8;
X28 Z-15;
Z-38;
N2 G03 X32 Z-40 R2;复合循环结束
G28 U0 W0;
M06 T03;
G00 X32 Z4;
G01 G41 X32 Z2 F0.2;
G70 P1 Q2;用 G70 进行精加工一次
G28 U0 W0;
M06 T02;
G97 S1500 M03;
G00 X0 Z2;
G01 Z-5 F0.075;
G00 Z5;
G28 U0 W0;
M30;
```

注：如把 O6006 程序作为子程序，可用 M98 调用，并用 M99 代替程序中的 M30 作调用结束返回主程序指令。

例 6-8 用 G72、G70 编制如图 6-12 所示零件端面切削加工程序。

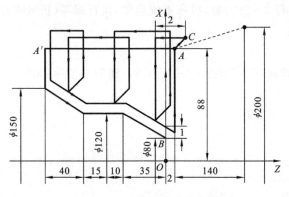

图 6-12 G72、G70 加工例图

(1) 根据零件图进行工艺分析，建立图 6-12 所示的编程坐标系。
(2) 编制加工程序
O6007;
G92 X200.0 Z140.0;

```
T0100；无长度和磨损补偿
G96 S55 M03；
G00 X176.0 Z2.0 T0101；刀具补偿号 01
G72 W2.0 R1.0；
G72 P10 Q20 U1.0 W0.5 F0.2；
N10 G01 Z-100.0 F0.2；
    X150；
    X120.0 Z-60.0；
    Z-35.0；
    X80.0 Z0.0；
N20 Z2.0；
G28 U0 W0；
M06 T0303；
G00 G41 X151.0 Z2.0；
G70 P10 Q20；
G28 U0 W0；
G97；
M30；
```

6.3　DENFORD FMS 的数控铣床

6.3.1　NC 铣床坐标系及编程代码

1. 机床坐标系的规定

DENFORD 数控铣床采用笛卡儿右手直角坐标系，两轴半联动，有 X（行程 0～290）、Y（行程 0～170）、Z（行程 0～290）轴，机床系统启动，执行回零（机械原点）后，机床坐标系就建立起来了。

2. G、M 代码

DENFORD 数控铣床准备功能字：G00～G99；辅助功能字：M00～M99，它们基本与 ISO 标准通用。

其中应特别指出以下代码。

G70：inch 方式；
G71：metric 方式；
G80：注销循环功能；
G81：重复执行功能；
G82：圆筒形循环铣削；
G83：钻孔循环切削；
G84：方筒形循环铣削；
G98：设定绝对原点坐标；
G99：设定浮动原点坐标；

M20:开、关中间继电器指令(系统通信用);
M21:输入/输出信号(系统通信用)。

6.3.2 数控铣床零件加工编程举例

对于在数控铣床和加工中心上加工零件,编程的一般步骤如下:
(1) 对加工的零件进行工艺分析;
(2) 确定加工顺序和走刀路线;
(3) 选择切削用量;
(4) 建立工件坐标系,确定对刀点、换刀点和工件的装夹方式;
(5) 计算各点坐标,进行程序编制;
(6) 上机床调试程序并模拟加工;
(7) 在(6)的基础上确保程序正确无误,并投入正式运行使用(最好能批量加工零件)。

例 6-9 编制如图 6-13 所示零件的精铣轮廓的数控程序,设定零件厚度为 5 mm。

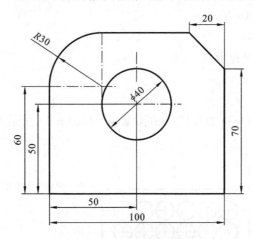

图 6-13 精铣零件轮廓例图

将工件坐标系建立在图 6-13 左下角(O-X-Y),选用 $\phi 10$、$\phi 5$ 两把立铣刀,编程如下。
O6008;程序名
N001 M06 T1;T1 立铣刀直径为 $\phi 10$ mm
N002 M03 S1000;
N003 G90 G00 X0 Y0 Z50;
N004 G41;
N005 G00 X0 Y0 Z5;
N006 G01 Z-6 FZ100;零件厚度为 5 mm
N007 G01 Y60 FX100;
N008 G02 X30 Y90 CX30 Y60;
N009 G01 X80;
N010 G01 X100 Y70;
N011 G01 Y0;
N012 G01 X0;
N013 G00 Z5;

N014 G40；
N015 M05；
N016 M06 T2；T2 立铣刀直径为 ϕ5 mm
N017 M03 S1200；
N018 G00 X50 Y50 Z50；
N019 G99；设定浮动坐标原点
N020 G42；
N021 G00 X0 Y20 Z5；
N022 G01 Z-6 FZ100；
N023 G02 X20 Y0 CX0 Y0 FX100；顺时针圆弧插补，圆心在坐标原点，X、Y 轴进给速度为 100 mm/min
N024 G02 X0 Y-20 CX0 Y0；
N025 G02 X-20 Y0 CX0 Y0；
N026 G02 X0 Y20 CX0 Y0；
N027 G01 Z50 FZ200；
N028 G98；设定绝对坐标原点
N029 M05；
N030 M02；

例 6-10 使用 DENFORD 数控铣床钻孔编程。如图 6-14 所示零件，应用 G81 指令编制钻孔程序。

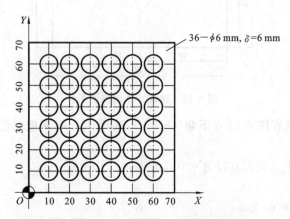

图 6-14 零件钻孔例图

将工件坐标系建立在图 6-14 左下角（O-X-Y），选用 ϕ6 钻头，编程如下。
O809；
N01 M06 T01；
N02 M03 S1000；
N03 G00 Z3；
N04 G00 X10 Y10；
N05 G01 Z-8 FZ100；零件材料厚度 6mm
N06 G00 Z3；

N07 G81 R04 E06 N5 X10；钻孔循环
N08 G81 R04 E07 N5 Y10；钻孔循环
N09 G80；
N10 G00 X0 Y0 Z50；
N11 M05；
N12 M02；

6.4 DENFORD FMS 编程与实现

通过介绍 DENFORD FMS 的数控车床与数控铣床的编程后，现在我们可以进一步学习 DENFORD FMS 系统的程序编制及综合应用。

1. 零件图

为了方便起见，设计如图 6-15 所示的零件形状及尺寸。车削加工部位（右图）：包括外圆表面 $\phi 20$ mm、$\phi 28$ mm 部分，锥度 $\phi 20$ mm 至 $\phi 28$ mm 长 7 mm 处，以及 $R2$ mm 圆角和钻中心孔；铣削部位（左图）：铣外轮廓（正六方，且关于 X、Y 轴对称），铣 $\phi 10$ mm 深 5 mm 凹圆槽（注：工件 $\phi 32$ mm 处为装卡部分）。

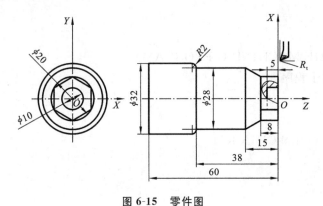

图 6-15 零件图

2. 工艺分析

车削加工刀具选择：T1 粗车外圆；T3 精车外圆；T2 起钻。
铣削加工刀具选：T1 铣六方，用 $\phi 10$ 立铣刀；T2 铣内圆，$\phi 5$ 立铣刀。

3. 建立工件坐标

车削加工的工件坐标系为：$Z\text{-}O\text{-}X$，起刀点在 R_t；铣削加工的工件坐标系为：$O\text{-}X\text{-}Y\text{-}Z$，设工件顶面为 Z 轴 O 点。如图 6-15 所示。

4. 编写程序

1) 车削程序

（1）车削主程序

FMS. MIR
BILLET X32 Z85；毛坯最大尺寸
O125；
(CONTROL PROGRAM FOR)
(MIRAC IN THE FMS)

(11TH JUNE 2015)
G28 U0 W0；
(OPEN THE CHUCK AND GUARD)
M38；开车床门
M10；开三爪
(INFORM FMS THAT MACHINE IS STOPPED)
(AND THE CHUCK IS OPEN)
M62；
M63；
N10；
(WAIT FOR 'CLOSE CHUCK')
M77；
M11；三爪合上
M65；
(WAIT FOR ' START LATHE')
M66；
M64；
M39；关车床门
(CALL UP THE MACHINING PROGRAM)
M98 P1234；调子程序
M38；
M62；
(WAIT FOR 'OPEN CHUCK')
M67；
M10；
M63；
M99 P10；
M30；
(2) 车削子程序
根据例6-7，直接写出程序：
1234. MIR；文件名
G99 G40 G50 S2500；
G96 S175；
G28 U0 W0；
M06 T01；
G00 X34 Z2 M03；
G01 Z0 F0.3；
X-1.0 F0.075；切端面
G00 X32 Z2；
G71 U0.4 R0.4；

G71 P1 Q2 U0.3 W0.15 F0.05;
N1 G01 X20 F0.05;复合循环开始
Z-8;
X28 Z-15;
Z-38;
N2 G03 X32 Z-40 R2;复合循环结束
G28 U0 W0;
M06 T03;
G00 X32 Z4;
G01 G41 X32 Z0 F0.02;
G70 P1 Q2;
G40 G28 U0 W0;
M06 T02;
G97;
S1500 M03;
G00 X0 Z2;
G01 Z-6.5 F0.075;
G00 Z5;
G28 U0 W0 M05;
M99;返回主程序

2) 铣削程序

DENFORD 数控铣床的主、子程序编写合在一个文件中,下面给出参考程序。
1234.NC;文件名
N1 G00 X201.0 Y102.0;刀具快速定位到工件所在机床夹具上的中心位置
N2 G99;把 X201.0,Y102.0 置为浮动原点
N3 G00 X-140 Y67 Z50;
N4 M20A4+A1-A2-A3-;四个继电器状态
N5 M21I2+;通信
N6 G04D1.0;
N7 M21I2+;通信
N8 M20A1-A2-A3-A4-;四个继电器状态
N9 M06 T1;
N10 M03 S1000;
N11 G00 X-14.5 Y1.5 Z3;
N12 G41;
N13 G00 X-14.5 Y1.5 Z3;
N14 G01 Z-8 FZ60;
N15 G01 X-8.66 Y5 FX60;
N16 G01 X0 Y10;
N17 G01 X8.66 Y5;

N18 G01 Y-5;
N19 G01 X0 Y-10;
N20 G01 X-8.66 Y-5;
N21 G01Y5.0;
N22 G00 Z1;
N23 G40;
N24 M05;
N25 M06 T2;
N26 M03 S1200;
N27 G00 X0 Y0 Z3;
N28 G01 Z0 F100;
N29 G82 R5 FX75 Z5 FZ75 C1;"C1"表示循环 1 次切削到槽深 5 mm 处；
N30 G80;
N31 G01 X0 Y0 Z50;
N32 M05;
N33 G81 R3 E32 N99;
N34 M02;

5. 运行 DENFORD FMS 系统

按照 DENFORD FMS 功能设定，在主控计算机和单元控制器的联网通信和控制下，由单元控制器 A 完成与数控铣床、机器人 1 及输送带通信，单元控制器 B 完成与数控车床和机器人 2 通信。具体运行步骤如下：

（1）根据给定零件图的要求，完成数控车削程序和数控铣削程序的编写，然后检查所编程序是否正确，确保无误后输入机床控制系统；

（2）开启数控铣床，调入程序（可通过 RS232 串口传送程序），装入刀偏并模拟运行程序无误后，按下铣床控制面板上"Cycle Start"按键；接着开启数控车床，装入程序和刀偏并模拟运行程序无误后，按下车床控制面板上"Auto + Start"按键，此时机床进入准备就绪状态，等待运行；

（3）开启主机及两台单元控制器，联机进入等待状态；

（4）开启机器人 1、2；

（5）通过主控计算机显示器屏幕菜单项，开启数控铣床虎钳；

（6）由主控计算机键盘输入工件个数，即可在 1～99 个零件数之间选择，如输入"10"，接着按下主控计算机键盘"Enter"键，系统开始循环运行。

首先机器人 1 从料斗的毛坯仓中抓起第一个工件放入输送带托盘中，输送带运行将工件送至数控车床前，由机器人 2 将工件抓起送入数控车床三爪中并夹紧，机器人退出机床，数控车床开始加工，加工结束后由机器人 2 取出工件并再次放入输送带托盘中，输送带继续传送工件到数控铣床前，由机器人 1 完成将工件装到虎钳中并夹紧，此时由数控铣床对工件加工直到加工完毕，再由机器人 1 从虎钳上卸下工件放入料斗的成品仓中，到此完成一个循环。接下来，系统按给定的工件数继续以上过程，进行循环加工，直到加工完 10 个工件，系统才自动结束。

以上所举实例为 DENFORD FMS 系统的程序编制实例。在实际生产中，各企业应根据自身发展情况及生产纲领，编制不同功能的 FMS 系统，请读者结合理论自行分析。

思考题与习题

1. 简答 DENFORD FMS 的组成及其配置,并画出组成框图。
2. DENFORD FMS 的设备性能指标有哪些?系统实现的功能如何?
3. 下面是在 DENFORD 数控铣床上要铣的零件精加工程序,请在加工零件轮廓的程序段后加上注释,画出加工的零件图形并标注尺寸。

O1234;
N001 M06 T1;T1 立铣刀直径为 $\phi 10$ mm
N002 M03 S1000;
N003 G90 G00 X0 Y0 Z50;
N004 G41;
N005 G00 X0 Y0 Z5;
N006 G01 Z-6 FZ100;零件材料厚度为 5 mm
N007 G01 Y60 FX100;
N008 G02 X30 Y90 CX30 Y60;
N009 G01 X80;
N010 G01 X100 Y70;
N011 G01 Y0;
N012 G01 X0;
N013 G00 Z5;
N014 G40;
N015 M05;
N016 M06 T2;
N017 M03 S1200;
N018 G00 X50 Y50 Z50;
N019 G99;
N020 G42;
N021 G00 X0 Y20 Z5;
N022 G01 Z-6 FZ100;
N023 G02 X20 Y0 CX0 Y0 FX100;
N024 G02 X0 Y-20 CX0 Y0;
N025 G02 X-20 Y0 CX0 Y0;
N026 G02 X0 Y20 CX0 Y0;
N027 G01 Z50 FZ200;
N028 G98;
N029 M05;
N030 M02;

4. 如图 6-16 所示零件图,请编制在 DENFORD 数控车床上加工的程序,要求分别用 G71、G72、G70 指令编程(注:图中 $\phi 32$ mm 为夹持部分)。

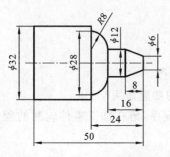

图 6-16 G71、G72 指令编程题图

5. 在 DENFORD 柔性制造系统中,使用数控车床和数控铣床加工如图 6-17(a)、(b)所示的零件,试完成车削、铣削加工编程。要求:

(1) 简要说明在 DENFORD FMS 中加工该零件的过程。

(2) 用 G71、G70、G40、G41 等代码编制车削加工程序,编程坐标系为 X-O-Z,起刀点在 R_t($X34$,$Z2$)上,先粗车,再精车。

(3) 用 G41、G40、G82、G80 等代码编制铣削加工程序,编程坐标系为 O-X-Y-Z,起刀点自定(注:图中 $\phi 32$ mm 为夹持部分)。

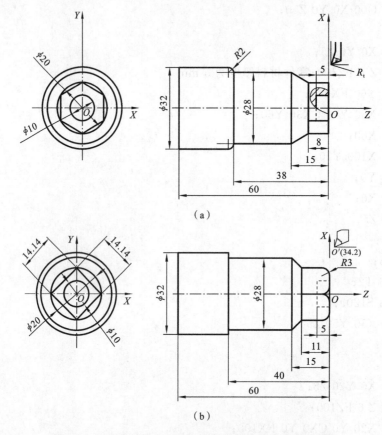

图 6-17 DENFORD FMS 数控车床和数控铣床编程题图

6. 简述运行 DENFORD FMS 的方法和具体步骤。

第7章 计算机集成制造系统

7.1 CIMS的基本概念及其发展概况

7.1.1 CIM和CIMS的概念

20世纪70年代中期,随着市场的逐步全球化,市场竞争不断加剧,给制造企业带来了巨大的压力,迫使这类企业纷纷寻求并采取有效方法,以使具有更高性能、更高可靠性、更低成本的产品尽快地推广到市场中去,提高市场占有率。同时,计算机技术飞速发展,并不断应用于工业领域中,这就为计算机集成制造(computer integrated manufacturing,CIM)的产生奠定了技术上的基础。

1974年,美国人约瑟夫·哈林顿(Joseph Harrington)博士首先在《Computer Integrated Manufacturing》一书中提出了计算机集成制造(CIM)的概念。他对CIM的基本观点是:企业的各个生产环节是一个不可分割的整体,需要统一考虑;企业的整个生产制造过程实质上就是对信息的采集、传递和加工处理的过程,最终形成的产品可看作是信息的物质表现。

这一观点提出以后,已被越来越多的人接受,并且CIM概念得到不断的丰富和发展。虽然至今对CIM尚无一个权威性的定义,但就集成而言可将之定义为:CIM是一种组织和管理企业生产的新哲理,它借助计算机软硬件,综合应用现代管理技术、制造技术、信息技术、自动化技术、系统技术,将企业生产全部过程中有关人/机构组织、技术、经营管理三要素及其信息流与物质流有机地集成并优化运行,以实现产品的高质量、低成本、短交货期生产,从而提高企业对市场变化的应变能力和综合竞争能力。

当前,CIM被认为是企业用来组织生产的先进哲理和方法,是企业增强自身竞争能力的主要手段。在集成的环境下,生产企业通过连续不断地改进和完善生产过程,消除存在的薄弱环节,将合适的先进技术应用于企业内的所有生产活动,为企业提供竞争的杠杆和实力。

计算机集成制造系统(CIMS)是在CIM哲理指导下建立的人机系统,是一种新型的制造模式。它从企业的经营战略目标出发,将传统的制造技术与现代信息技术、管理技术、自动化技术、系统工程技术等有机结合,将产品从创意策划、设计、制造、储运、营销到售后服务全过程中有关的人和组织、经营管理和技术三要素有机地结合起来,使制造系统中的各种活动、信息有机集成并优化运行,以达到降低成本 C(cost)、提高质量 Q(quality)、缩短交货周期 T(time) 等目的,最终提高企业的创新设计能力和市场竞争力。

7.1.2 CIMS产生的背景

20世纪50年代,随着控制论、电子技术、计算机技术的发展,工厂中开始出现各种自动化设备和计算机辅助系统。例如,数控机床(NC机床)、计算机辅助设计(CAD)、计算机数控(CNC)、计算机辅助制造(CAM)等。

20世纪60—70年代,计算机技术得到快速发展,工作站、小型计算机等开始进入工程设计中,开始应用 CAD/CAM、计算机仿真等工程软件辅助设计与制造工艺过程。

从 20 世纪 70 年代开始,计算机逐步进入了上层管理领域,开始出现了管理信息系统(MIS)、物料需求计划(MRP)、制造资源计划(MRPⅡ)等概念。但这些新技术的实施并没有给人们带来曾经预测的巨大效益,主要原因是它们离散地分布在制造业的各个子系统中,只能使局部达到自动控制和最优化,不能使整个生产过程长期在最优化状态下运行。与此同时,由于经济、技术、自然和社会环境等因素的影响,作为国家国民经济的主要支柱的制造业已进入到一个巨大的变革时期,主要表现在:① 生产能力在世界范围内的提高和扩散形成了全球性的竞争格局;② 先进生产技术的出现正急剧地改变着现代制造业的产品结构和生产过程;③ 传统的管理、劳动方式、组织结构和决策方法受到社会和市场的挑战。因此,采用先进的制造体系便成为制造业发展的客观要求。

尽管 20 世纪 70 年代中期 CIM 的概念得到人们的普遍重视,但基于 CIM 理念的 CIMS 在 20 世纪 80 年代中期才开始重视并大规模实施。其原因是 20 世纪 70 年代的美国产业政策中过分夸大了第三产业(服务业)的作用,而将制造业,特别是传统产业视为"夕阳产业",这导致了美国制造业优势的急剧衰退,并在 20 世纪 80 年代初开始的世界性的石油危机中暴露无遗。此时,美国开始重视并决心用其信息技术的优势夺回制造业的霸主地位,并与其他各国纷纷制订并执行发展计划。自此,CIMS 的理念、技术也随之有了更大的发展。

近年来,各国制造业间的竞争日趋激烈,市场已从传统的"相对稳定"逐步演变成"动态多变"的局面,其竞争的范围也从局部地区扩展到全球范围。制造企业间激烈竞争的核心是产品。回顾历史,随着时代的变迁,产品间竞争的要素不断随之演变。在早期,产品竞争要素是成本(cost),20 世纪 70 年代增加了质量(quality),20 世纪 80 年代增加了交货期(time to Market),20 世纪 90 年代以来,又增加了服务(service)和环境清洁,进入 21 世纪后又有了"知识创新"这一关键因素。另一方面也必须指出,当今世界已步入信息时代并迈向知识经济时代,以信息为主导的高新技术也为制造技术的发展提供了极大支持。

上述两种发展趋势推动着制造业发生着深刻的变革,信息时代的"现代制造技术"及其产业应运而生,其中 CIMS 技术及其产业正是其重要的组成部分。

7.1.3 CIMS 的发展概况

系统集成优化是 CIMS 技术与应用的核心技术。所以,可将 CIMS 技术的发展从系统集成优化发展的角度来看,划分为三个阶段:即信息集成、过程集成、企业集成,并由此产生了并行工程、敏捷制造、虚拟制造等新的生产模式。图 7-1 所示为从时间过程、集成化程度描述了的 CIMS 发展进程,其中 CE(cuncurrent engineering)为并行工程,VM(virtual manufacturing)为虚拟制造。

1. 信息集成

针对在设计、管理和加工制造中大量存在的自动化孤岛,解决其信息的正确、高效的共享和交换,是改善企业技术和管理水平必须首先解决的问题。信息集成是改善企业生产产品的交货时间(T)、质量(Q)、成本(C)、服务(S)所必需的,其主要内容包括两个方面:

(1) 企业建模、系统设计方法、软件工具和规范 这是系统总体设计的基础。没有企业的模型就很难科学地分析和综合企业各部分的功能关系、信息关系以至动态关系。企业建模及设计方法解决了一个制造企业的物流、信息流以及资金流、决策流的关系,是企业信息集成的基础。

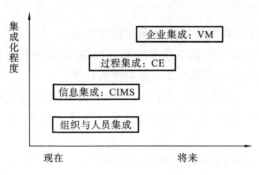

图 7-1 CIMS 发展的阶段

(2) 异构环境下的信息集成 异构是指系统中包含了不同的操作系统、控制系统、数据库及应用软件。如果各个部分的信息不能自动地交换,则很难保证信息传送、交换效率及质量。异构信息集成主要解决以下三个问题:① 不同通信协议的共享及向 ISO/OSI 的过渡;② 不同数据库的相互访问;③ 不同商用应用软件的接口。

早期信息集成的实现方法主要通过局域网和数据库来实现。而现在采用企业网、外联网、产品数据管理(PDM)、集成平台和框架技术来实施。值得指出,基于面向对象技术、软件技术和 WEB 技术的集成框架已成为系统信息集成的重要支撑工具。

2. 过程集成

企业为了改善产品的 T、Q、C、S 四要素,除了信息集成这一技术手段之外,还可以对过程进行重构。传统的产品开发模式采用串行产品开发流程,设计与加工生产是两个独立的功能部门,往往造成产品开发过程经常反复,这无疑使产品开发周期变长,成本增加。如果将产品开发设计中的各个串行过程尽可能多地转变为并行过程,在早期设计阶段采用 CAX、DFX 工具考虑可制造性(DFM)、可装配性(DFA),考虑质量(质量功能分配),则可以减少反复,缩短开发时间。并行工程便是基于这一思想的一种技术。

3. 企业集成

企业要提高自身的市场竞争力,不能走"小而全"、"大而全"的封建庄园经济的道路,而必须面对全球经济、全球制造的新形势,充分利用全球的制造资源(包括智力资源),更快、更好、更省地响应市场,这便是敏捷制造的由来。敏捷制造的组织形式是企业针对某一特定产品,建立企业动态联盟,即所谓虚拟企业(virtual enterprise,VE)。

从组织层面上说,敏捷制造提供"扁平式"企业,提供企业动态联盟。产品型企业应该是"两头大、中间小",即强大的新产品设计、开发能力和强大的市场开拓能力。"中间小"指加工制造的设备能力可以小。多数零部件可以靠协作解决,这样企业可以在全球采购价格最便宜、质量最好的零部件,这是企业优化经营的体现,因此企业间的集成是企业优化的新台阶。传统企业的弊端恰恰是"两头小、中间大",即薄弱的产品开发及市场开拓,这是计划经济的必然产物。企业的技术改造总是放在更新和加强基础设备上,这类企业,一旦产品不适合市场,又无能力去很快适应市场,购置的设备就变成了企业的大包袱,企业会很快陷入困境。因此,克服传统的技术改造观念是很重要的,具有现实意义。

企业间集成的关键技术包括:信息集成技术、并行工程、虚拟制造以及支持敏捷工程的使能技术系统和基于网络(如 Internet/Intranet/Extranet)的敏捷制造和资源优化(如 ERP、供应链、电子商务)。

4. CIMS 发展趋势

综合目前 CIMS 的情况,其发展趋势体现在以下方面。

(1) 集成化　从当前企业内部的信息集成和功能集成,发展到过程集成(以并行工程为代表),并正步入实现企业间集成的阶段(以敏捷制造为代表)。

(2) 数字化/虚拟化　从产品的数字化设计开始,发展到产品全生命周期中各类活动、设备及实体的数字化。在数字化基础上,虚拟化技术正在迅速发展,主要包括虚拟现实应用、虚拟产品开发和虚拟制造。

(3) 网络化　从基于局域网发展到基于 Intranet/Extranet/Internet 的分布式网络制造,以支持全球制造策略的实现。

(4) 柔性化　正在积极研究发展企业间的动态联盟技术、敏捷设计生产技术、可重组技术等,以实现敏捷制造。

(5) 智能化　智能化是制造系统在柔性化和集成化基础上进一步的发展与延伸,引入各类人工智能和智能控制技术,实现具有自律、分布、智能、敏捷等特点的新一代制造系统。

(6) 绿色化　包括绿色制造、环境意识的设计与制造、生态工厂、清洁化生产等,它是全球可持续发展战略在制造业中的体现,是摆在现代制造业面前的一个崭新课题。

7.2　CIMS 的基本组成、体系结构及其关键技术

7.2.1　CIMS 的基本组成

图 7-2 表示了 CIMS 中人/机构组织、经营管理和技术构成的三要素关系,它们之间互相作用、相互制约,构成了如下四类集成。

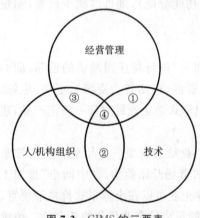

图 7-2　CIMS 的三要素

(1) 经营管理与技术的集成,是利用计算机技术、自动化技术、制造技术以及信息技术等各种工程技术,支持企业达到预期的经营目标,如图中标有①的部分。

(2) 人/机构组织与技术的集成,是利用各种工程技术支持企业中各类人员的工作,使之互相配合,协调一致,发挥最大的工作效率,如图中标有②的部分。

(3) 人/机构组织与经营管理的集成,是通过人员素质的提高和组织机构的改进来支持企业的经营和管理,如图中标有③的部分。

(4) CIMS 三要素的综合集成,从而使企业达到整体优化,如图中标有④的部分。

在 CIMS 集成的诸要素中,人的作用最为关键,侧重于以人为中心的适度自动化,即强调人、经营、技术三者的有机集成,充分发挥人的作用。企业经营思路能否正确贯彻,首先要通过人来实现;先进技术能否发挥作用,真正改善经营,取得经济效益,归根结底也取决于人,正确认识 CIM 的理念,使企业的全体员工同心同德地参与实施,制定合适的组织机构,严格执行管理制度和员工的培训,是 CIMS 保证人员集成的重要措施。

从系统的功能角度考虑,一般认为 CIMS 可由管理信息系统、工程设计系统、制造自动化系统和质量保证系统四个功能分系统,以及计算机通信网络和数据库两个支撑分系统组成(见

图7-3)。然而,这并不意味着任何一个企业在实施CIMS时都必须同时实现这六个分系统。由于每个企业原有的基础不同,各自所处的环境不同,因此,应根据企业的具体需求和条件,在CIMS思想指导下进行局部实施或分步实施。下面对这六个分系统的功能要素作一分析。

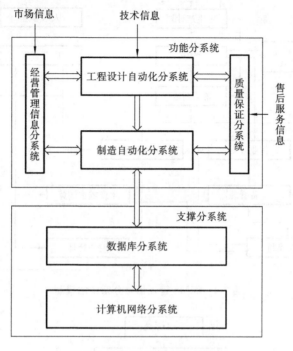

图 7-3　CIMS 的基本组成结构

1. 管理信息系统

管理信息系统(management information system,MIS)是CIMS的神经中枢,指挥与控制着其他各个部分有条不紊地工作。管理信息系统通常是以制造资源计划(manufacturing resource planning,MRP)为核心,包括预测、经营决策、各级生产计划、生产技术准备、销售、供应、财务、成本、设备、工具、人力资源等各项管理信息功能。

图7-4为CIMS管理信息分系统的模型,其中BOM(bill of material)为物料清单,是在管理过程中用来定义产品结构的技术文件。从该模型可以看出,这是一个生产经营与管理的一体化系统。它把企业内的各个管理环节有机地结合起来,各个功能模块可在统一的数据环境下工作,以实现管理信息的继承,从而达到缩短产品生产周期、减少库存、降低流动资金、提高企业应变能力的目的。

2. 工程设计系统

设计阶段是对产品成本影响最大的部分,也是对产品质量起着最重要影响的部分。工程设计系统实质上是指在产品开发过程中应用计算机技术,使产品开发活动更高效、更优质、更加自动化地进行。产品开发活动包含产品的概念设计、工程与结构分析、详细设计、工艺设计以及数控编程等设计和制造准备阶段的一系列工作,即通常所说的CAD、CAPP、CAM三大部分。

1) 计算机辅助设计(CAD)

一个CAD系统的基本构成可用图7-5表示,包括硬件和软件。硬件的配置主要取决于CAD系统的应用范围和软件规模,可以分为大型计算机、小型计算机、工作站或微型计算机。

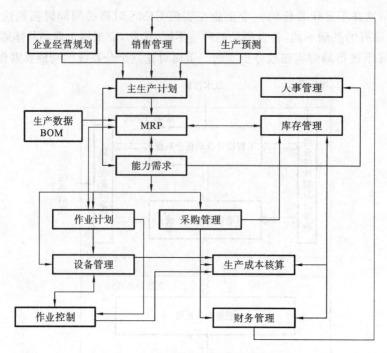

图 7-4 CIMS 管理信息分系统的模型

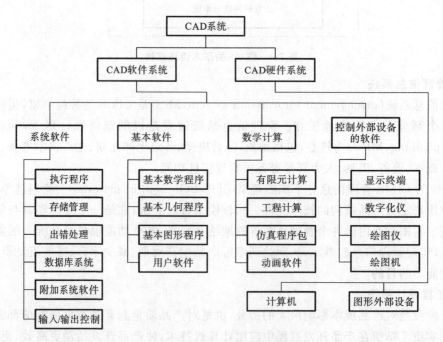

图 7-5 CAD 系统组成部分

在设备性能指标上,主要侧重于图形显示功能、分辨率等要求。软件构成方面,从系统软件方面先要强调一下基本图形系统。20 世纪 80 年代中期,国际标准化组织(ISO)公布的图形核心系统(graphics kernel system,GKS)是一个被广泛应用的系统软件。因为 GKS 是二维图形,后来扩充成三维,制定了 GKS-3D 标准。美国计算机图形技术委员会则推出 PHIGS PLUS。这些系统软件主要解决图形的基本结构,进行作图和在各种图形设备上进行交互的基本功能,包括输入功能、输出功能、控制功能、交换功能、原文件功能、询问功能和出错处理功能等。应用软件则主要应有各种造型功能(如曲面造型、实体造型、特征造型等),以及分析、计算、优化、信息管理等功能和直到最后输出数控加工代码。目前国内机械行业应用较多的 CAD 软件,如法国达索公司的 CATIA,美国 PTC 公司的 Pro/ENGINEER,SDRC 公司的 I-DEAS,洛克希德公司的 CADAM 都各有特色。

2) 计算机辅助工艺规程(CAPP)

从完成技术设计到具体实现加工制造中间,重要的连接纽带就是工艺过程编制或称工艺设计。工艺过程编制得好,能够节省加工时间、保证产品质量、减少或简化工艺装备的种类和数量、缩短生产准备周期,以及减少整个生产费用。而传统的工艺过程编制对人的依赖很大,效率很低。如能完善计算机辅助工艺规程(CAPP),不仅能大大提高工艺过程编制的质量和效率,而且可以为各个 CIMS 的分系统提供各种工艺信息,促进系统集成。

按照工艺决策方式的不同,CAPP 系统可分为以下三类。

(1) 检索式 CAPP 系统 检索式 CAPP 系统实际上是一个工艺规程的技术档案管理系统,它事先把现行的零件加工工艺规程按零件图号或零件的组成编码存储在计算机当中,在编写新零件的工艺规程时,先按零件号检索出零件工艺规程,如有且不需要作任何变更时就直接调出使用,也可以在进行编辑修改后使用。当检索不到可用的工艺规程时,则必须另行编制,并通过键盘将其输入计算机内存储起来。这类 CAPP 系统的功能最弱,生成工艺规程的自动决策能力也最差,但容易建立,简单实用。这种系统适用于工艺规程较为稳定的工厂。

(2) 派生式 CAPP 系统 派生式 CAPP 系统是在成组技术的基础上,按零件结构和工艺的相似性,用分类编码系统将零件分为若干零件加工族,并给每一族的零件制定优化加工方案和编制典型工艺过程,以文件形式存储在计算机中。在编制新的工艺规程时,首先根据输入信息编制零件的成组代码,根据代码识别它所属的零件加工族,调出该族的典型工艺,自动搜索零件的型面和尺寸参数,确定需要的工序和工步。当典型工艺的最后一个工步确定和计算完成后,一份完整的工艺规程也就产生了。产生的工艺规程可存入计算机以供检索使用,还可以通过系统提供的人机交互界面进行各种修改,使工艺人员有干预和最终决策的能力。

在实际应用中派生式 CAPP 系统编制零件工艺规程的功能比检索式 CAPP 系统的功能要强。

(3) 创成式 CAPP 系统 创成式 CAPP 系统的工作原理与派生式不同,在系统中没有预先存入典型工艺规程。它是根据所输入的零件信息,通过逻辑推理和计算作出工艺决策而自动地"创成"一个新的优化的工艺过程。一个较复杂的零件由许多型面组成,每一种型面可用多种加工工艺方法完成,而且它们之间的加工顺序又有许多组合方案,还需综合考虑材料和热处理等影响因素。所以创成式 CAPP 系统要求计算机有较大的存储容量和计算能力。

图 7-6 所示为以上三类 CAPP 系统的工作过程原理图。

3. 制造自动化系统

制造自动化系统是 CIMS 的信息流和物料流的结合点,是 CIMS 最终产生经济效益的制造单元,通常由 CNC 机床、加工中心、柔性制造单元(FMC)或 FMS 等组成。其主要组成部分如下。

(1) 加工单元 由具有自动换刀装置(ATC)、自动更换托盘装置(APC)的加工中心或 CNC 机床组成。

(2) 工件运送子系统 有自动引导小车(AGV)、装卸站、缓冲存储站和自动化仓库等。

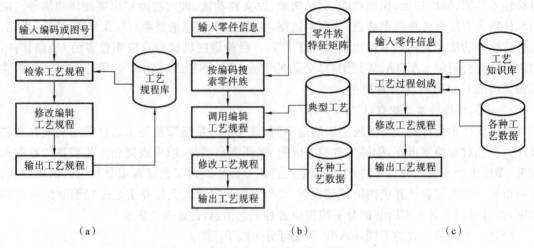

图 7-6 三类 CAPP 系统的工作过程原理图
(a) 检索式；(b) 派生式；(c) 创成式

(3) 刀具运送子系统 有刀具预调站、中央刀库、换刀装置、刀具识别系统等。

(4) 计算机控制管理子系统 通过主控计算机或分级计算机系统的控制，实现对制造系统的控制和管理。

制造自动化系统是在计算机的控制与调度下，按照 NC 代码将一个个毛坯加工成合格的零件并装配成部件以至产品，完成设计和管理部门下达的任务，并将制造现场的各种信息实时地或经过初步处理后反馈到相应部门，以便及时地进行调度和控制。

制造自动化系统的目标可归纳为：①实现多品种、小批量产品制造的柔性自动化；②实现优质、低成本、短周期及高效率生产，提高企业的市场竞争能力；③为作业人员创造舒适而安全的劳动环境。

必须指出，CIMS 不等于全盘自动化，其关键是信息集成，制造系统并不要求追求完全自动化。

4. 质量保证系统

产品质量是赢得市场竞争的一个极其重要的因素。要赢得市场，必须以最经济的方式在产品性能、价格、交货期、售后服务等方面满足顾客要求。因此需要一套完整的质量保证系统。这个系统除了要具有直接实施检测的功能外，还要采集、存储和处理企业产品的质量数据，并以此为基础进行质量分析、评价、控制、规划和决策。CIMS 中的质量保证系统覆盖产品生命周期的全过程，从市场调研、设计、原材料供应、制造、产品销售直到售后服务等，这些信息的采集、分析和反馈，便形成了一系列各种类型的闭环控制，从而保证产品的最终质量能满足客户的需求。它可由四个子系统组成，即

(1) 质量计划子系统 用来确定改进质量目标，建立质量标准和技术标准，计划可能到达的途径和预计可能达到的改进效果，并根据生产计划及质量要求制定检测计划及检测规程和规范。

(2) 质量检测子系统 采用自动或手工对零件进行检验，对产品进行试验，采集各类质量数据并进行校验和预处理。

(3) 质量评价子系统 包括对产品设计质量评价、外购外协件质量评价、供货商能力评价、工序控制点质量评价、质量成本分析及企业质量综合指标分析评价。

（4）质量信息综合管理与反馈控制子系统　包括质量报表生成、质量综合查询、产品使用过程质量综合管理以及针对各类质量问题所采取的各种措施及信息反馈。

5. 计算机通信网络系统

计算机网络是用通信线路将分散在不同地点，并具有独立功能的多个计算机系统互相连接，按照网络协议进行数据通信，并实现共享资源(如网络中的硬件、软件、数据等)的计算机以及线路与设备的集合。具体的硬件组成部分包括：数据处理的主机、通信处理机、集中器、多路复用器、调制解调器、终端、通信线路、异步通信适配器、网络适配器以及网桥和网间连接器(又称网关、信关)等，再和各种功能的网络软件相结合，就能实现不同条件下的通信与支持系统集成，它是 CIMS 的支撑分系统之一。

网络的种类很多。按通信距离分类，有局域网(local area network，LAN)和广域网(wide area network，WAN)之分。前者用于一个企业或一个单位内部，直径在几千米到几十千米的范围内，后者则指地理上更大跨度的网络。按拓扑结构分类，可以分为点对点传输结构和广播式传播结构两大类。图 7-7(a)、(b)、(c)、(d)所示即环形、星形、树形和网状形(分布式)网络，属于点对点连接；图 7-7(e)、(f)、(g)所示即总线、微波和卫星式三种网络，属于广播式。另外，还有各种考虑其他特点的分类方法，这里不再赘述。

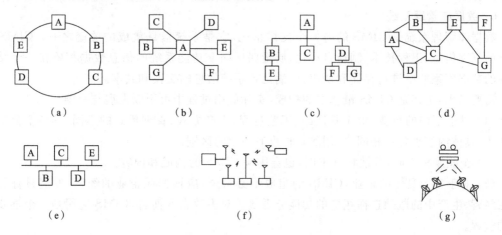

图 7-7　网络的各种拓扑连接
(a) 环形；(b) 星形；(c) 树形；(d) 网状形；(e) 总线；(f) 微波；(g) 卫星

网络要通信，要交换信息，就必须有共同语言和通信的规则，只有这样，才能正确地发送或接收信息给所需的人员。这种进行交流的规则的集合称为协议。为了成功地进行通信，国际标准化组织(ISO)提出了一个开放系统互联(OSI)模型，如图 7-8 所示。

该模型共分七层，由下向上分别为：物理层、数据链路层、网络层、传输层、会话层、表示层和应用层。下面四层称为底层协议，主要解决各种情况下数据传输的可靠性和完整性问题。上面三层称为高层协议，主要为应用所需的专门服务。

在 CIMS 实施中，应用得最多的协议是 TCP/IP 和 MAP/TOP。

传输控制协议/网际协议(transmission control protocol/internet protocol，TCP/IP)是由美国国防先进研究计划局(DARPA)开发的两个协议，现在已得到了广泛的应用，并形成了一个完整的协议簇。除了原来的两个协议外，还包括工具协议、管理协议和应用协议等其他协议。但它并不遵从 OSI 标准，具有自己的体系机构。大致说来，TCP 可对应于 OSI 传输层协议，IP 可对应 OSI 的网络层协议，并可提供网间的数据传输。

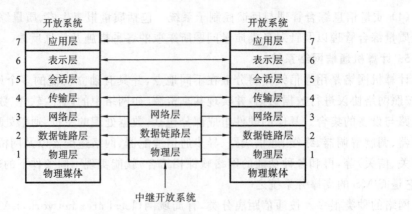

图 7-8 OSI 的七层体系结构

制造自动化协议(manufacturing automation protocol,MAP)是由美国通用汽车公司(GM)开发的一种专门用于工厂自动化环境的局域网协议。技术和办公协议(technology and office protocol,TOP)是波音公司的计算机服务公司开发的,广泛用于技术环境和办公自动化环境的协议。MAP 与 TOP 都支持 OSI 参考模型,但在第一、二、七层有所不同。

6. 数据库管理系统

数据库管理系统是 CIMS 的另一个支撑系统,它是系统信息集成的关键之一。CIMS 环境下的管理信息、工程技术、制造自动化、质量保证四个功能系统的信息数据都要在一个结构合理的数据库系统中进行存储和调用,以满足各系统信息的交换和共享。

需要指出,上述是 CIMS 最基本的构成,实际应用过程中可不断发展与完善。

(1) 对于不同的行业,由于其产品、工艺过程、生产方式、管理模式的不同,其各个分系统的作用、具体内容也各不相同,所用的软件也有一定的区别。

(2) 企业规模不同,分散程度不同,也会影响 CIMS 的构成和内容。

(3) 对于每个具体的企业,CIMS 的组成不必求全,应该按照企业的经营、发展目标及企业在经营、生产中的瓶颈选择相应的功能分系统。对多数企业而言,CIMS 应用是一个逐步实施的过程。

(4) 随着市场竞争的加剧和信息技术的飞速发展,企业的 CIMS 已从内部的 CIMS 发展到更加开放、范围更大的企业间的集成。如设计自动化分系统,可以在因特网或其他广域网上的异地联合设计;企业的经营、销售及服务也可以是基于因特网的电子商务(electronic commerce,EC)、供应链管理(supply chain management,SCM);产品的加工、制造也可实现基于因特网的异地制造。这样可更充分地利用企业内、外部资源,有利于以更大的竞争优势响应市场。

7.2.2 CIMS 的体系结构

CIMS 的体系结构,就是一组代表整个 CIMS 各个方面的多视图、多层次的模型的集合。要实施高度集成的自动化系统,必须有一个合适的体系结构。一种好的体系结构应既能满足最终用户对 CIMS 性能的要求,又能满足 CIMS 供应商对 CIMS 产品通用性的要求。因此,世界各国比较重视对 CIMS 体系结构的研究,其中由欧共体 ESPRIT 计划中的 AMICE 专题所提出的 CIMS-OSA 体系结构就具有一定的代表性。CIMS-OSA 体系结构为制造工业的 CIMS 提供了一种参考模型,已作为对 CIMS 进行规划、设计、实施和运行的系统工具。它是一个开放式的体系结构,如图 7-9 所示。其中三个坐标轴分别为:逐步推导、逐步生成和逐步具体化。

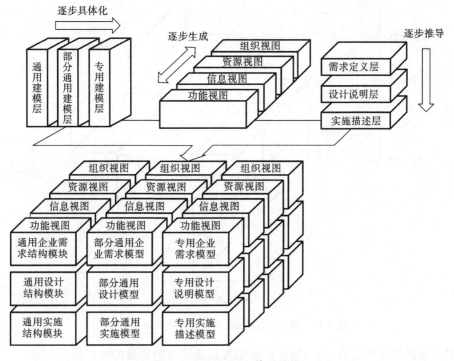

图 7-9 CIMS-OSA 体系结构

"逐步推导"指的是 CIMS 开发的整个生命周期中的几个阶段,从"需求定义"→"设计说明"→"实施描述";每个阶段都有适应其需要和特点的模型。

"逐步生成"指的是系统需要建模的各个方面及其相互关系,这个坐标的开放性最突出,也就是说,CIMS-OSA 在这里提出了功能、信息、资源和组织四个视图,实际就是建议从这四个方面来分析全系统,分别建立功能模型、信息模型、资源模型和组织模型。但是,这四个视图不是一成不变的,而是可根据实际分析设计的需要和可能进行增删。

"逐步具体化"则是一个由一般到特殊的发展过程,左边是最一般的通用建模块;中间是部分通用模型,即按照各行业的生产经营活动,给通用建模块赋予具体内容,从而构成适合各行业的通用模型,对这些各行业通用模型(部分通用模型)中的元素再按具体企业的情况赋予具体的值,并对模型结构进一步细化,就成为具体企业的专用模型,这就是最右边的一列。这里将左边的通用建模块和中间的部分通用模型合起来,称为参考体系结构,便很清楚地给出了一个所谓有参考意义的全局多视图、多层次模型。以此作基础,结合企业的具体情况,修正模型框架,代入具体值和参数,就能很快建成企业的专用模型。当然,对于 CIMS 这个体系结构原理来讲,还有大量的研究要做,即使 AMICE(ESPRIT/CIMS-OSA 课题组的名字)本身也还没有提出完整的各个视图、各个阶段的建模方法和参考模型。其他如美国普渡大学提出的 PERA、法国波尔多第一大学的 GIM、德国的 ARIS 等,不再一一列举。

我国学者,在国内实践的基础上,学习和吸收了国际上各种体系结构的长处,结合我国的具体情况,提出了图 7-10 所示的"阶梯形多视图、多领域 CIMS 体系结构"(stair-like CIMS architecture,SLA)。这种多层次多视图的体系结构,是比较适合我国实情的,但不必人为地

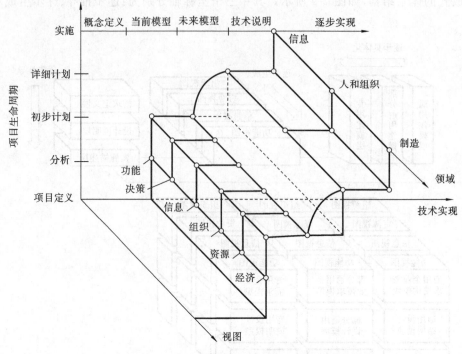

图 7-10 阶梯形多视图、多领域 CIMS 体系结构

将它局限于离散零件制造业,利用同样的框架可以描述各种类型的生产企业。

　　从建模的时间阶段方面,与外国现有体系结构的不同看法在于,我国学者认为建模分析主要是在概念阶段或结构化进程的前半时期,相应于生命周期中的初步设计阶段;而实施阶段的工作目标和对象则是很具体的,如一台设备、一种工具、一段程序等,也就是说,工程技术人员要做的实际工作是非常具体的,不需要再建立实施阶段的各种模型,而从模型到现实之间,应该有一种映射关系。用模型分析,研究现有系统(AS-IS system)、设计未来系统(TO-BE system),以及如何从现有系统向未来系统过渡的方案之后,就要具体地映射到技术性的信息系统、制造系统,以及人和组织系统的详细设计和实现。这些思想是综合采纳了欧洲 GIM/IM-PACS 和美国 PERA 的基本思想而形成的。这里的多视图,除了继承 CIM-OSA 提出的功能、信息、组织、资源(或称物理)等四个视图外,我们认为组织视图还不足以描述和分析决策过程,法国的 GRAI 方法建立的决策模型对企业是有帮助的,因此希望将欧洲 GIM/IMPACS 中提出的决策视图引进来。最后,因为体系结构研究的根本目的,还在于提高企业竞争力、增加生产经营效益(特别是不可计量的效益因素)。如何与各个视图相对应地进行效益分析,是一个重要的全局性的问题,故希望再加入一个经济视图。这些工作都是概念阶段的活动。在进入技术的细节设计时,就是很具体的设计图、软件、组织机构、人员配置等。把信息、制造,以及人和组织称为三个领域(或称分系统),每个领域内有其相应的具体实现形式。图中过渡部分的圆弧,就意味着映射各领域的专业技术人员能够理解如何对映射面做出详细设计。我们希望在做好新系统的具体技术后,再反映到概念模型,以便检查新系统是否满足了所期望的各种功能和关联需求。最后,由于这个体系结构主要是为研究开发人员所用的,所以只考虑 CIMS 项目的生命周期,而不是 CIMS 运行的生命周期,因此没有包括系统运行阶段。

　　接着就是建立各个视图的模型。除了要给出建立这些模型的建模方法外,还必须给出参考模型,就好比课堂讲课时要给出例子,使得经验不多的技术人员也能很快地投入建模分析工作。

7.2.3 实施 CIMS 的关键技术

CIMS 作为一种新兴的高新技术,企业在实施这项高新技术的过程中必然会遇到一些技术难题,这些技术难题就是实施 CIMS 的关键技术,主要有下面两大类关键技术。

1. 系统集成

CIMS 要解决的问题是集成,包括各分系统之间的集成、分系统内部的集成、硬件资源的集成、软件资源的集成、设备与设备之间的集成、人与设备的集成等。在解决这些问题时,需要进行必要的技术开发,并利用现有的成熟技术,充分考虑开放性与先进性的结合。

2. 单元技术

CIMS 中涉及的单元技术很多,而且解决起来难度相当大。对于具体的企业,应结合实际情况,根据企业技术进步的需要进行分析,提出在该企业实施 CIMS 的具体单元技术难题及其解决方法。

7.3 CIMS 工程的设计与实施

7.3.1 CIMS 总体方案设计

CIMS 是面向整个企业的大系统。CIMS 总体方案设计应以面向全局、面向未来、保证系统的开放性、充分利用现有资源、与企业的技术改造相结合、与企业的机制转换相结合为指导思想。CIMS 总体方案设计主要包括以下几个方面的内容:CIMS 功能设计、CIMS 信息设计(CIMS 资源设计、CIMS 组织设计和关键技术分析)。

1. CIMS 功能设计

CIMS 功能设计是 CIMS 总体方案设计的重要内容,通过它来规划 CIMS 所应具备的功能。在 CIMS 功能设计中,常采用功能树、功能模型图和过程图来描述 CIMS 的功能。功能树是把 CIMS 各种功能逐层分解展开,形成一种树状结构。图 7-11 所示为某企业的技术信息分系统(TIS)功能树。功能树的树根、树干、枝、叶等全部用动词或动词性短语标注,名词应简练、准确,避免重复。功能树中,同层功能之间是并列关系,上层功能对下层功能是包容关系。

功能树只能表示系统所具有的功能,无法表达各功能之间的信息联系。要表达各功能之间的信息联系,就应采取功能模型图来描述。在 CIMS 设计中较为普遍采用的方法是 IDEF0 法。

IDEF 方法是美国空军在 ICAM(integrated computer aided manufacturing)工程中发展形成的一套系统分析和设计方法。IDEF 是 ICAM definition method 的缩写,包括三大部分:IDEF0 用于描述系统的功能活动及其联系,建立系统的功能模型;IDEF1 用于描述系统的信息及其联系,建立系统的信息模型,并以此作为建立系统数据的设计依据;IDEF2 用于系统模拟,建立系统的动态模型。

2. CIMS 信息设计

CIMS 的各种功能都表示了不同形式的信息处理。CIMS 的任何功能的实现都需要信息支撑,信息的有机集成在 CIMS 中尤为重要。要实现信息的加工处理与集成,就必须建立系统

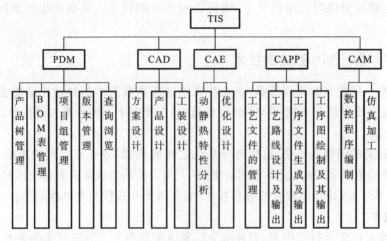

图 7-11 TIS 功能树

的信息模型和对信息进行分类编码。这就是 CIMS 的信息设计的内容。信息模型是为采集和整理数据库设计所需的共享信息数据的基本模式及其联系。在 CIMS 设计中,常用的信息建模方法有实体联系图(E-R)、IDEF1 及 IDEF1X。

1) CIMS 资源设计

CIMS 中的资源包括硬件资源、软件资源和人力资源。除信息支持外,资源支持也是 CIMS 中不可缺少的重要支持。在设计功能模拟图时,资源常作为支撑机制出现在 IDEF0 图中。

CIMS 资源设计包括硬件资源配置、软件资源配置和人力资源配置三个方面。

硬件资源配置就是根据 CIMS 功能需求和投资情况,提出各种生产设备、工具和设施以及各种辅助设备的配置,提出计算机或其他信息控制和转化设备的配置。

软件资源配置就是提出满足企业的应用需求,并具有一定先进性和良好可扩展性的计算机系统软件和应用软件的配置。应用软件应能直接完成企业的功能,系统软件应能支持应用软件和系统信息集成。

人力资源配置要以充分发挥人和机械的作用,使之统一协调运行为前提,它是 CIMS 系统设计中的重要内容。人员配置与企业的组织机构设置关系密切。在 CIMS 总体设计过程中,应首先理顺企业的生产经营模式,调整好组织机构,根据需要设置必要的岗位,安排适当的人员。除企业运行在 CIMS 支持下所需人员之外,还必须设置主管 CIMS 的部门,安排 CIMS 系统开发、维护人员。

2) CIMS 组织设计

在 CIMS 环境下,企业的各组织机构应把它的各种资源(包括人员、软件、硬件)统一管理起来。组织设计应完成的任务有:功能的组织;信息的组织;资源的组织。这些任务实际上已体现在系统的功能模型、信息模型的设计过程之中,但需要进一步明确企业内部各种人员的职责分工、访问权限等。

3) 关键技术分析

在 CIMS 的工程实践中,所采取的技术路线都经过严格的、科学的论证,是正确的、可行的。关键技术主要指需要自行开发的技术的内容,不包括引进的高档产品。关键技术的选择应结合 CIMS 各分系统的总体设计来进行。CIMS 总体方案中,不宜包含过多的关键技术。

关键技术的论证应从下述几个方面来进行:

(1) 关键技术的介绍　说明关键技术的实质性问题,包括它在整个 CIMS 工程中的地位、作用和关键技术的技术难点等。

(2) 提出关键技术的解决途径　在初步设计阶段,可根据现有的认识水平,对每一关键技术绘制出拟采用的解决途径,并说明其可行性。

(3) 提出关键技术的解决方案　在提出方案的基础上,论证其可行性。

关键技术是总体设计的技术重点,在设计过程中应给予充分的重视,进行深入的调查研究,提出可行的解决途径和技术方案。如果不能提出可行的解决办法,则说明整个 CIMS 的总体方案不可行,须修改设计方案,甚至修改 CIMS 的目标。

在 CIMS 的实施阶段,也应把关键技术作为重点课题,尽早组织力量进行攻关,保证整个过程顺利进行。

7.3.2　CIMS 工程实施

CIMS 工程的实施阶段是设计阶段的延续。863/CIMS 专家组在全国几十个实施 CIMS 企业经验的基础上,针对 CIMS 工程实施过程中所要遵循的技术原则和方法,提出了"效益驱动,总体规划,重点突破,分步实施"的技术方针。这一原则适用于 CIMS 的设计阶段,也适用于系统实施阶段,可供企业制定 CIMS 技术路线时参考。具体体现在四个方面。

1. 贯彻"效益驱动"的原则

衡量一个企业 CIMS 成功与否,关键是看它产生的经济效益和社会效益。在实施阶段,更应从中挑选企业最急需、最容易产生效益的部分先实施,从而尽快获得效益。

2. 充分利用企业现有资源

企业现有的计算机软、硬件资源,以及现有数据是企业的重要财富。要充分利用这些资源,尽可能将现有硬件资源纳入 CIMS 中。对有利用价值的软件资源要采用完善、扩充和改造的策略,现有的各种数据一定要纳入 CIMS 中。

3. 与企业技术改造紧密结合

与企业技术改造结合既有利于扩大企业的 CIMS 集成规模,充分发挥技术改造的作用,也有利于解决 CIMS 的资金筹措问题。

4. 分步实施与重点突破

由于 CIMS 工程量巨大,企业财力有限,故在 CIMS 实施中只能是分步进行,但必须根据企业的需要选准突破口,实现重点突破。对企业急需解决的项目,优先安排,对条件具备,且易见成效的项目优先实施。

关键技术攻关项目存在一定难度,必须提早安排,先在技术上突破,然后用于工程实际。CIMS 的实施对企业的基础数据、编码、计算机支撑环境等要求较高,工作量大,涉及的企业人员多,应尽量早安排,以确保 CIMS 工程的成功实施。

CIMS 工程实施周期长、工程复杂、项目组织管理难度大,应制定详细的实施进度计划。

根据上述技术路线,将 CIMS 系统实施周期划分为几个阶段(通常分成两个阶段),给出每个阶段的起止时间、完成主要的任务和各阶段要达到的程度。对第一阶段的工作,应给出详细的任务内容和完成时间;对以后阶段项目,可给出粗略的计划,待日期临近再给出具体的计划安排。

7.4 CIMS 应用实例

7.4.1 CIMS 应用概述

本节进一步分析 CIMS 的应用实例,以便使读者更全面了解 CIMS 在企业中的应用。在实际生产中,成功应用 CIMS 的制造企业都不同程度地提高了该企业的整体效益。具体体现在以下方面。

(1) 在工程设计自动化方面,可提高研制和生产能力,便于开发技术含量高和结构复杂的产品,保证产品设计质量,缩短产品设计与工艺设计的周期,从而加快产品的更新换代速度,满足顾客需求,从而占领市场。

(2) 在自动化或柔性制造方面,加强了产品制造的质量和柔性,提高了设备利用率,缩短了产品制造周期,加强了产品供货能力。

(3) 在经营管理方面,使企业的经营决策和生产管理趋于科学化,使企业能够在市场竞争中,快速、准确地报价,赢得时间,同时减少库存时间及场地的占用,提高了资金周转效率。

早在 1985 年,美国科学院对美国在 CIMS 方面处于领先地位的五家公司——麦克唐纳·道格拉斯飞机公司、迪尔拖拉机公司、通用汽车公司、英格索尔铣床公司和西屋公司进行调查和分析,他们认为采用 CIMS 可以获得如下收益:产品质量提高 200%～500%;生产率提高 40%～70%;设备利用率提高 200%～300%;生产周期缩短 30%～60%。

1989 年,我国成都飞机工业公司开展了 CIMS 工程,经过 10 年的发展完善,企业在产品制造能力和公司管理水平方面上了一个新台阶,赢得了国外航空产品转包生产的订单,经济效益十分明显。到 1999 年,企业仅在网络和数据库方面累计投资就超过 2000 万元,但是投资得到了回报。企业目前很好地实现了信息共享和集成,并且利用开放系统避免了建设信息孤立岛,省去了大量的重复性劳动。

沈阳鼓风机厂(简称"沈鼓")生产大型涡轮压缩机。产品按订单安排生产,是单件小批量生产方式。实施 CIMS 之前,用户从订货到交货需要 18 个月,而国外厂商一般仅需 10～12 个月;国外厂商在 2 周之内便可提供精确的报价,而"沈鼓"需要 6 周才能提供粗略的报价,连参与国际投标的资格都不具备。实施 CIMS 工程之后,"沈鼓"的交货周期缩短到了 10～12 个月,技术报价、财务报价和商务报价也缩短为 2 周。由于设计周期、生产准备周期和制作装配周期的缩短,生产能力大大提高。

东方电机股份有限公司是我国大型设备开发、设计与制造的三大重要企业之一,在产品设计、制造、生产经营管理方面迫切需要与国际先进技术水平接轨,参与国际市场竞争,需要运用 CIMS 环境的先进制造技术与生产经营管理思想来指导。为此,东方电机股份有限公司与技术依托单位四川大学于 1997 年初组建东方电机计算机集成制造系统(DFEM-CIMS)联合设计组,在深入调研和分析东方电机生产实际的基础上,得出了东方电机实施 CIMS 工程的必要性、迫切性和可行性。针对东方电机技术密集、结构复杂、制造周期长的特点,设计了 DFEM-CIMS 的体系结构,创建了计算机网络和分布式数据库支持环境下,集技术信息分系统、管理信息分系统、计算机辅助质量信息分系统和制造自动化分系统为一体的 DFEM-CIMS。

7.4.2 DFEM-CIMS 应用实例

1. DFEM-CIMS 的组成

DFEM-CIMS 划分为四个功能应用分系统和一个支撑分系统,即技术信息分系统(TIS)、管理信息分系统(MIS)、计算机辅助质量信息分系统(CAQ)、制造自动化分系统(MAS)以及网络和数据库分系统(NET/DB)。DFEM-CIMS 四个功能分系统是在网络和数据库构成的支撑环境下建立的,而网络和数据库支撑环境又建立在计算机系统硬件平台及操作系统软件平台上,由此构成了 DFEM-CIMS 体系结构。图 7-12 为 DFEM-CIMS 的总体结构。

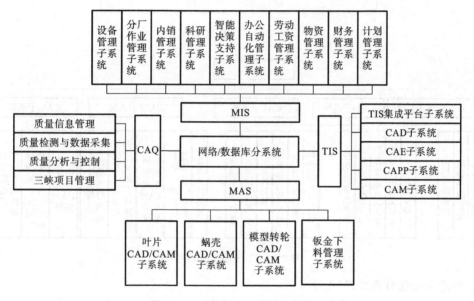

图 7-12 DFEM-CIMS 的总体结构

2. 管理信息分系统(MIS)

DFEM-CIMS/MIS 分系统建立了相关的辅助企业管理的物理平台,包括公司的 INTERNET 节点(对外互联网)及 INTRANET 网络(企业信息网),为建立高效的电子信息采集、传递、利用提供了可行的信息通道;建立了完善的电子信息系统的使用和管理模式,可充分利用 MIS 分系统获取信息,服务于企业的生产,加强企业经营管理。

DFEM-CIMS/MIS 分系统现已建成包括物料管理子系统、企业信息网管理子系统、设备管理子系统、科研管理子系统、决策支持子系统、计划管理子系统、财务管理子系统、工具生产管理子系统、工装生产及库存管理子系统、人事管理子系统、总经办管理信息子系统在内的 11 个子系统,并全面投入运行,取得了显著的社会效益。

3. 技术信息分系统(TIS)

DFEM-CIMS/TIS 分系统建立在以 19 台图形工作站、250 台计算机、3 个小型服务器和 5 台子网服务器等构成的硬件平台以及由操作系统、UGⅡ、IDEAS 等 CAD/CAE/CAM 一体化软件,IDEAS CAD 软件包,ANSYS、COSMOS、FLOTRAN、TASCFLOW、ICEM 工程分析软件,IMAN 工程数据库软件和大量自行开发的工程应用软件组成软件平台上,在开放式计算机网络和分布式数据库软件的支持下,建立起贯穿产品设计、分析、工艺过程的开发性 CAD/CAE/CAM 集成的技术信息系统,其体系结构如图 7-13 所示,图 7-14 为 TIS 功能分解图。

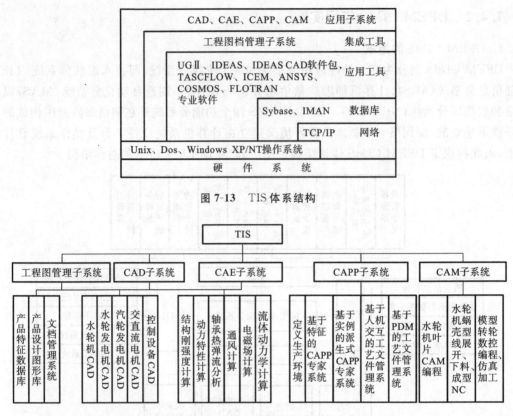

图 7-13 TIS 体系结构

图 7-14 TIS 功能分解图

4. 制造自动化分系统(MAS)

DFEM-CIMS/MAS 分系统由叶片 CAD/CAM 子系统、模型转轮 CAD/CAM 子系统、蜗壳 CAD/CAM 子系统、钣金下料管理子系统、计算机辅助测试子系统组成。

叶片的自动编程步骤采用如图 7-15 所示的编程过程。模型转轮 CAD/CAM 子系统流程如图 7-16 所示。计算机下料综合管理及套裁系统由焊接分厂生产作业管理、材料管理、工程数据库和套料等四个基本功能模块组成。计算机下料综合管理及套裁系统层结构功能树如图 7-17 所示。

5. 计算机辅助质量信息分系统(CAQ)

DEFM-CIMS/CAQ 分系统由用户权限管理、产品质量信息综合管理、材质质量信息管理、产品工序质量检测信息管理、产品质量信息统计分析管理、计算器具信息管理、系统维护等模块组成。

用户权限的设置遵循灵活、层次、方便的原则,由系统管理员设置各单位主管的权限,单位主管指定项目主管的权限,项目工程师指定项目组长和成员的具体使用权限。该模块应是动态的,随时可变,并且能指定到字段。

1) 系统功能设计

产品质量信息综合管理,包括质量计划,质量内、外部信息,质量体系与程序文件,质量统计分析,质量分析,质量活动,质量奖惩。

材质质量信息管理包括以下几个部分:① 材料的标准信息,即对材料采购、使用中所提供的技术要求、协议、规范、选用规格、技术条件、选用牌号、验收要求、质量要求等;② 材料检验

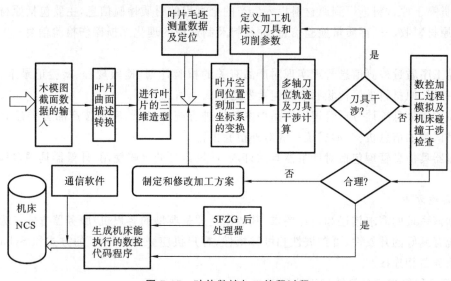

图 7-15 叶片数控加工编程过程

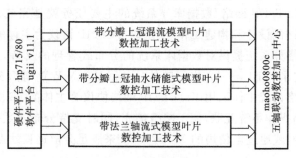

图 7-16 大型水轮机模型转轮数控加工流程

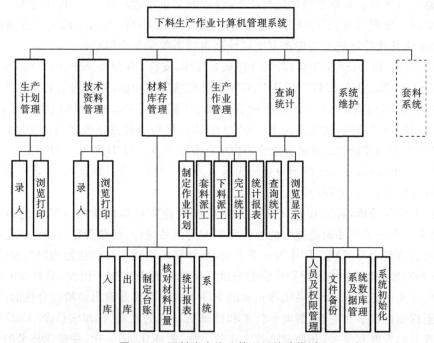

图 7-17 下料生产作业管理系统功能树

信息,是贯穿于原材料进厂到原材料投入生产的全过程的材质检验信息,主要包括原材料的原始资料,原材料收、发、存质量检验信息,原材料及制造中的理化无损探伤检验信息;③ 供应商信息。

产品工序质量检测信息管理实现对产品有关的检验计划、检验规程、检验记录卡、见证情况记录、标识、原材料进厂检验和产品包装发运检验等信息管理。

产品质量信息统计分析管理对产品档案数据进行统计分析,实现按产品分类建立产品检验和成品试验的信息机构,形成统一的对外检验报告。

计量器具信息管理包括对计量器具的订购、计量器具的台账使用、计量器具的定检情况的管理。

2) 实施方案

根据该系统的需求描述和设计要求,其数据处理是典型的客户机/服务器方式。为了确保整个系统有良好的开发性、可扩展性和可移植性,客户机应采用 ODBC 的方式和 Sybase SQL 数据库服务器相连接。

6. 网络和数据库分系统(NET/DB)

DFEM-CIMS/ NET/DB 网络/数据库分系统的主要任务就是完成东方电机股份公司厂区的计算机网络主干网的设计和构建工作,实现以 TCP/IP 协议为主体的主要节点的互联。

DFEM-CIMS 网络分系统提供对数据库系统的分布式管理的支持,为各应用系统提供文件传输(FTP)、远程登录(TELNET)、电子邮件(E-MAIL)、WWW 等服务。

DFEM-CIMS 网络系统主体采用以 TCP/IP 网络协议为主体的、多协议并存的体系结构,支持异步机、异种网络操作系统互联,便于网络扩充,同时支持分布式数据库管理系统。采用 PSTN 公共交换电话网或通过电信局的 X.25/DDN 来满足分散远程站点的通信及与 Internet 的连接。

网络监控管理是了解整个网络运行状态,保障网络正常运行及安全、可靠的重要手段。全网采用简单网络管理协议(SNMP)和远程监控标准(RMON)作为网络监控与管理的重要协议,使用安全认证软件等技术实现东方电机计算机网络数据安全策略。

TCP/IP 支持 SYBASE、ORACLE 等分布式数据库,支持 Client/Server、Browser/Server 体系结构,提供 FTP、TELNET、SMTP、SNMP、WWW 等网络服务功能,并且网络的技术和支持产品都很成熟和丰富,可以满足 DFEM-CIMS 中长期的应用需要。DFEM-CIMS 网络系统采用 TCP/IP 作为网络通信体系结构,底层采用 ISO802.3 带冲突检测的载波侦听多路访问协议(CSMA/CD)。对于部分小型建筑物站点或分散建筑物站点借用 PSTN 与 TCP/IP 网络互联。

DFEM-CIMS 网络分系统将用户划分为服务器、客户机及分散站点,分别采用不同的上网方案,以保证网络的正常有序运行。

通过以上实例分析,可以看到:CIMS 是使机械制造从局部自动化(FMS)走向全面自动化,即由原来的局限于产品制造过程的自动化扩大到产品设计、经营管理自动化。它是根据系统工程的观点将整个车间或工厂作为一个系统,用计算机实现产品的初始构思和设计,并有效利用 FMS 的功能,直到最终装配和检验的全过程实现管理与控制。因此,只要对 CIMS 输入所需产品的有关信息和原材料,系统在正常的条件下就可以高效输出经检验合格的产品,这就是计算机集成制造。事实上,随着电子技术和计算机技术的发展,CIMS、FMS、IMS 等现代制造系统也将不断发展和完善,并使制造技术在数字化、智能化、网络化、集成化技术的基础上迈向更高层次。

思考题与习题

1. 简述 CIM 与 CIMS 的含义与区别。
2. 简述 CIMS 的结构组成和各分系统的功能作用。
3. 阐述 CIMS 的递阶控制结构和各层次系统的功能特征。
4. 比较串行工程和并行工程的区别,并分析并行工程的运行模式和功能特点。
5. 简述实施 CIMS 有哪些关键技术。
6. 简述 CIMS 总体方案设计的内容。
7. 综述 CIMS 的发展趋势。
8. 简述 DFEM-CIMS 的组成及各部分功能。
9. 简述实施 CIMS 带给企业的效益。

第8章 智能制造系统简介

8.1 智能制造的提出

当今世界各国的制造业活动趋向于全球化,制造、经营活动、开发研究等都在向多国化发展,为了有效地进行国际间的信息交换及世界先进制造技术共享,各国的企业都希望以统一的方式来交换信息和数据。因此,必须开发出一种快速有效的信息交换工具,创建并促进一个全球化的公共标准来实现这一目标。

先进的计算机技术和制造技术向产品、工艺和系统的设计和管理人员提出了新的挑战,传统的设计和管理方法不能有效地解决现代制造系统中所出现的问题,这就促使我们通过集成传统制造技术、计算机技术与人工智能等技术,发展一种新型的制造技术与系统。智能制造(intelligent manufacturing,IM)正是在这一背景下产生的。

近半个世纪来,随着产品性能的完善化及结构的复杂化、精细化,以及功能的多样化,产品所包含的设计信息量和工艺信息量猛增,随之生产线上和生产设备内部的信息流量增加,制造过程和管理工作的信息量也必然剧增,因而促使制造技术发展的热点与前沿,转向了提高制造系统对于爆炸性增长的制造信息处理的能力、效率及规模上。目前,先进的制造技术离开了信息的输入就无法运转,柔性制造系统(FMS)一旦被切断信息来源就会立刻停止工作。专家认为,制造系统正在由原先的能量驱动型转变为信息驱动型,这就要求制造系统不但要具备柔性,而且还要表现出智能,否则就难以处理如此大量而复杂的信息工作。瞬息万变的市场需求和激烈竞争的复杂环境,也要求制造系统更加灵活、敏捷和智能。因此智能制造越来越受到高度的重视。

1992年,美国执行新技术政策,大力支持关键重大技术(critical technology),其中包括信息技术和新的制造工艺,以及智能制造技术,美国政府希望借助此举改造传统工业并启动新产业。

加拿大制定的1994—1998年发展战略计划,认为未来知识密集型产业是驱动全球经济和加拿大经济发展的基础,发展和应用智能系统至关重要,并将具体研究项目选择为智能计算机、人机界面、机械传感器、机器人控制、新装置、动态环境下的系统集成。

日本1989年提出智能制造系统,且于1994年启动了先进制造国际合作研究项目,它包括公司集成和全球制造、制造知识体系、分布式智能系统、快速产品实现的分布智能系统技术等。

欧洲联盟的信息技术相关研究有ESPRIT项目,该项目大力资助具有市场潜力的信息技术。1994年又启动了新的R&D项目,选择了39项核心技术,其中的信息技术、分子生物学和先进制造技术均突出了智能制造的位置。

我国在20世纪80年代末也将"智能模拟"列入国家科技发展规划的主要课题,已在专家系统、模式识别、机器人、汉语机器理解方面取得了一批成果。国家科技部也正式提出了"工业智能工程",作为技术创新计划中创新能力建设的重要组成部分,智能制造将是该项工程中的重要内容。

进入21世纪以来,经过十多年的发展,我国《机械工程学科发展战略报告(2011—2020)》中更加强调了以信息流全局监控为基本线索,实现制造与服役过程精确调控,从而实现智能控制的重要性。报告指出:现代复杂装备已发展成为由信息流驱动且实现高精度、高稳定、高可靠的复杂机电系统。为实现其精确调控,必须研究:调控微变量与系统主运动的机电耦合与变异机制,小尺度特征参数扰动与系统宏观动力失稳行为,多种控制模式运动中的多重交互作用、扰动与协同控制机制,基于能量流、物质流与信息流的全局协同的系统稳定性分析与调控。

由此可见,智能制造正在世界范围内兴起,它是制造技术发展,特别是制造信息技术发展和进步的必由之路,是自动化和集成技术向纵深发展的结果,为未来装备制造业实现全面自动化、智能化创造了条件。

8.1.1 智能制造系统的含义和发展

智能制造包含智能制造技术和智能制造系统。

智能制造技术(intelligent manufacturing technology,IMT)是指利用计算机模拟制造业人类专家的分析、判断、推理、构思和决策等智能活动,并将这些智能活动与智能机器有机地融合起来,将其贯穿应用于整个制造企业的各个子系统,以实现整个制造企业经营运作的高度柔性化和高度集成化,从而取代或延伸制造环境中人类专家的部分脑力活动,并对制造业人类专家的智能信息进行搜集、存储、完善、共享、继承与发展。

智能制造系统(IMS)是一种智能化的制造系统,是由智能机器和人类专家共同组成的人机一体化的智能系统,它将智能技术融入制造系统的各个环节,通过模拟人类的智能活动,取代人类专家的部分职能活动,使系统具有智能特征。智能制造系统基于智能制造技术,综合应用人工智能技术、信息技术、自动化技术、制造技术、并行技术、生命科学、现代管理技术和系统工程理论与方法,在国际标准化和互换性的基础上,使得整个企业制造系统中的各个子系统分别智能化,并使智能系统成为网络集成的高度自动化的制造系统。

智能制造系统是智能技术集成应用的环境,也是智能制造模式展现的载体。IMS理念是建在自组织、分布自治和社会生态机理上的,目的是通过设备柔性和计算机人工智能控制,自动地完成设计、加工、控制管理过程,旨在解决适应高度变化环境的制造的有效性。

由于这种制造模式强调了知识在制造活动中的价值地位,而知识经济又是继工业经济后的主体经济形势,所以智能制造就成为影响未来经济发展过程的制造业的重要生产模式。

8.1.2 智能制造系统的特点

与传统制造系统相比,智能制造系统具有如下的特点。

(1) 自律能力 即搜集与理解环境信息和自身信息,并进行分析判断和规划自身行为的能力。具有自律能力的设备称为智能机器。智能机器在一定程度上表现出独立性、自主性和个性化。强有力的信息技术、知识库,以及基于知识的模型是自律能力的基础。

图8-1所示为具有自律能力的智能生产线,若其中的一台钻削加工机床刀具发生了折断,当被系统检测后,它将自动减慢传送带速度,以便后面的机床代替加工。为了不影响生产效率,系统能够作出自我决策,可提高切削速度,加大进给量等措施,以维持系统原来的生产节拍。

(2) 人机一体化 IMS不单纯是"人工智能"系统,而是人机一体化智能制造系统,是一种混合智能。基于人工智能的智能机器只能进行机械式的推理、预测、判断,它只能具有逻辑思

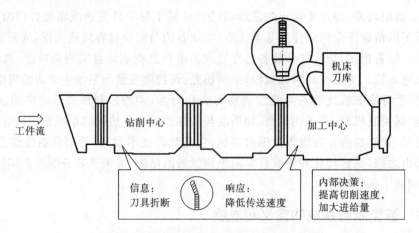

图 8-1　具有自律能力的智能制造系统示意图

维(专家系统),最多做到形象思维(神经网络),完全做不到灵活思维,只有人类专家才真正同时具备以上三种思维能力。因此,想以人工智能全面取代制造过程中人类专家的智能,独立承担起分析、判断、决策等任务是不现实的。人机一体化,一方面突出了人在制造系统中的核心地位,同时在智能机器的配合下能更好地发挥出人的潜能,使人机之间形成相互配合、相互协作的关系,使二者在不同的层次上各显其能,以实现人机一体化的智能制造系统。

(3) 虚拟现实(virtual reality,VR)技术　这是实现虚拟制造的支持技术,也是实现高水平人机一体化的关键技术之一。虚拟现实技术是以计算机为基础,融合信息处理、动画技术、智能推理、预测、仿真和多媒体技术为一体,借助于各种音箱和传感装置,虚拟展现现实生活中的各种过程,虚拟未来产品机器制造过程,从感官和视觉上使人获得完全如同真实的感受。这种人机结合的新一代智能界面,是智能制造的一个显著特点。

(4) 自组织与高柔性　智能制造系统中的各组成单元能够按照工作任务的要求,自行组成一种最佳结构,其柔性不仅表现在运行方式上,而且也表现在结构形式上,所以称这种柔性为超柔性,如同一群人类专家组成的群体,具有生物特性。

(5) 学习能力与自我维护能力　智能制造系统在实践中不断充实知识库,具有组织学习功能。同时,在运行过程中自行进行故障诊断,并具备对故障自行排除、自行维护的能力。这种特点使智能制造系统能够自我优化并适应各种复杂环境。

8.2　智能加工与智能加工设备

在传统的机械加工过程中,具有一定技能和经验的人仍起着决定性的作用。技术工人在机械加工中的职责可归纳为如下三点:① 用自己的眼、耳、鼻、舌、身等感觉器官来监视加工状况;② 依据自己的感受和经验,通过大脑判断加工过程是否正常,并作出相应的决策;③ 用自己的四肢对加工过程实施相应的操作和处理。让机器代替熟练技术工人完成上述类似工作,是智能加工所追求的目标。

智能加工是一种柔性度和自动化水平更高的制造技术,它不仅能减轻人们的体力劳动,还能减轻人们的脑力劳动,使产品制造过程能够连续、准确、高速地自动加工。与现有加工方式比较,智能加工综合应用了传感和信息处理技术、人工智能技术、实时控制技术这三项基础技术。采用智能加工技术的系统具有自进化的能力,即能自主选取所需数据,不断积累经验;能根据连续监视获取的状态信息创造出新的知识的能力。

智能加工是在没有人干预的情况下自动进行的。综合应用包括力传感器、声传感器、视觉传感器等各种不同的传感器,检测加工过程中的结构变形、切削热、机械振动、噪声等物理现象;根据已掌握的加工知识和工艺知识,建立加工过程的数据模型;依据加工模型的理论值与检测值的比较,计算出相应的调整值,并以此驱动执行机构的动作,对加工状态进行自动调整,按照给定的约束有条理地进行加工作业。

根据智能加工技术设计制造出来的机床称为智能机床,智能机床的控制结构可用如图8-2所示的框图描述。在切削过程中,传感器对加工精度、工具状态、切削过程进行在线监测,依据神经网络系统诊断刀具磨损或破损以及工艺系统颤振等异常状态;当故障发生时,便启动知识处理机,参照已存储积累的知识和决策修正加工条件,排除机床的异常状态。机床系统的决策推理是由两个推理模块完成:一个是预测推理;另一个是控制推理。预测推理模块事前要对异常情况进行推理,提供异常情况处理对策表并在异常情况发生时检索调用。控制推理模块的职责是决定对已发生的异常情况采取相应的处理对策。为了确保实时性,由管理模块对所发生事件进行时间管理。

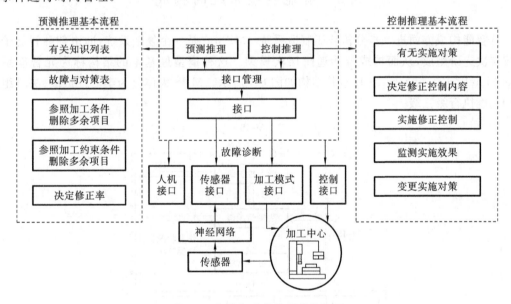

图 8-2 智能机床的控制结构框图

图 8-3 所示为一种智能加工中心机床主机的结构方案。这种机床选用了一个六自由度力传感器工作台,分别用来检测 X、Y、Z 三个轴向分力和三个力矩分力。力传感工作台固定在一个二维失效保护工作台上,当力矩超过额定载荷时,它将自动移动并发出报警信号。在刀杆内装有内装式力传感器、失效保护元件或可塑性元件,可用来检测和传递切削力信息,以保证机床安全运行。在机床立柱、主轴箱等表面布置有机床变形传感器,可直接检测机床在受热、变力作用下的结构变形。机床附近还布置了视觉传感器和声传感器,用来监视机床的整个加工过程。此机床结构方案还给立柱设计了一个执行机构,它能根据智能控制器的命令作出相应的唯一补偿。

采用这类方案的机床不仅能有效地完成常规的制造过程,而且还可望顺利地实施微细加工和太空制造作业。

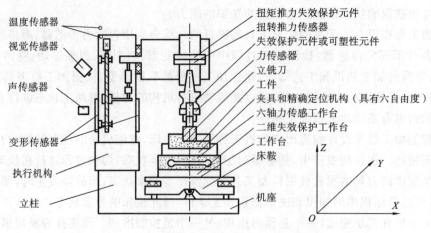

图 8-3 智能加工中心机床主机的结构

8.3 智能制造系统的构成

从智能构成方面进一步分析智能制造系统(IMS),它是一个复杂系统,即由各种智能子系统按层次递阶组成,从而构成智能递阶层次模型。这种模型最基本的结构称为元智能系统(meta-intelligent system,M-IS),其结构如图 8-4 所示。M-IS 大体分为学习维护级、决策组织级和调度执行级三级。

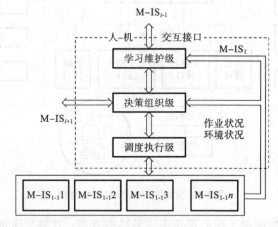

图 8-4 M-IS 结构图

学习维护级,通过对环境的识别和感知,实现对 M-IS 进行更新和维护,包括更新知识库、更新知识源、更新推理规则以及更新规则可信度因子等;决策组织级,主要接受上层 M-IS 下达的任务,根据自身的作业和环境状况,进行规划决策,提出控制策略。在 IMS 中的每个 M-IS 的行为都是上层 M-IS 的规划调度和自身自律共同作用的结果,上层 M-IS 的规划调度是为了确保整个系统能有机协同地工作,而 M-IS 自身的自律控制则是为了根据自身状况和复杂多变的环境,寻求最佳途径以完成工作任务。因此,决策组织级要求有较强的推理决策能力;调度执行级要能完成由决策组织级下达的任务,并调度下一层次的若干个 M-IS(如 M-IS$_{1-1}$1 等)并行协同作业。

M-IS 是智能系统的基本框架,各种具体的智能系统是在此 M-IS 基础之上进行扩充的。

具备这种框架的智能系统的特点如下：
(1) 决策智能化；
(2) 可构成分布式并行智能系统；
(3) 具有参与集成的能力；
(4) 具有可组织性和自学习、自维护能力。

从智能制造的系统结构方面来考虑，未来智能制造系统应为分布或智能制造系统(distributed autonomous manufacturing system)，该系统由若干个智能代理(intelligent agent)组成。根据生产任务细化层次的不同，智能代理可以分为不同的级别。如一个智能车间可称为一个代理，它调度管理车间的加工设备，它以车间级代理身份参与整个生产活动；同时对于一个智能车间而言，它们直接承担加工任务。无论哪一级别的代理，它与上层控制系统之间通过网络实现信息的连接，各智能加工设备之间通过自动引导小车(AGV)来实现物质传递。

在这样的制造环境中，产品的生产过程为：通过并行智能设计出产品，经过 IMS 智能规划，将产品的加工任务分解成一个个子任务，控制系统将子任务通过网络向相关代理"发布信息"。若某个代理具有完成此任务的能力，而且当前空闲，则该代理通过网络向控制系统投出一份"报表"，那么，控制系统将对各个代理从加工效率、加工质量等方面加以仲裁，以决定选中"报表"的代理。选中"报表"的代理若为底层代理(如加工设备)，则代理申请，由 AGV 将被加工工件送至选中"报表"的加工设备，否则，选中"报表"的代理还将子任务进一步细分，重复以上过程，直至任务到达底层代理。这样，整个加工过程，通过任务发布信息、报表、仲裁、选中报表等流程，从而实现生产结构的自组织。

8.4 智能制造系统的主要支撑技术

1. 人工智能技术

IMS 离不开人工智能技术。IMS 智能水平的提高依赖着人工智能技术的发展。同时，人工智能技术是解决制造业人才短缺的一种有效方法，在现阶段，IMS 中的智能主要是人(各领域专家)的智能。但随着人们对生命科学研究的深入，人工智能技术一定会有新的突破，将 IMS 推向更高阶段。

2. 并行工程

针对制造业而言，并行工程作为一种重要的技术方法学，应用于 IMS 中，将最大限度地减少产品设计的盲目性和设计的重复性。

3. 虚拟制造技术

用虚拟制造技术在产品设计阶段就模拟出该产品的整个生命周期，从而更有效、更经济、更灵活地组织生产，达到产品开发周期最短、产品质量最优、生产效率最高的目的。虚拟制造技术应用于 IMS，为并行工程的实施提供了必要的保证。

4. 信息网络技术

信息网络技术是制造过程的系统和各个环节"智能集成"化的支撑。信息网络是制造信息及知识流动的通道。因此，此项技术在 IMS 研究和实施中占有重要地位。

思考题与习题

1. 简述智能制造系统的发展概况。

2. 什么是智能制造？智能制造系统有何特点？
3. 能否列举出智能制造机床的实例？
4. 智能制造的优越性在哪里？
5. 元智能系统有何特点？试用元智能系统分析 IMS。
6. 智能制造系统的支撑技术有哪些？
7. 什么是虚拟制造？简述虚拟制造的功能特点。

参考文献

[1] 张培忠. 柔性制造系统[M]. 北京:机械工业出版社,1998.

[2] 张根保. 自动化制造系统[M]. 北京:机械工业出版社,1999.

[3] 徐杜,江永平,张宪民. 柔性制造系统原理与实践[M]. 北京:机械工业出版社,2001.

[4] 赵汝嘉. 先进制造系统导论[M]. 北京:机械工业出版社,2003.

[5] 吴启迪,严隽薇,张结. 柔性制造自动化的原理与实践[M]. 北京:清华大学出版社,1997.

[6] 刘忠伟. 先进制造技术[M]. 北京:国防工业出版社,2007.

[7] 朱江峰,黎震. 先进制造系统[M]. 北京:北京理工大学出版社,2005.

[8] 罗振臂,朱耀祥,张书桥. 现代制造系统[M]. 北京:机械工业出版社,2012.

[9] 马履中,周建忠. 机器人与柔性制造系统[M]. 北京:化学工业出版社,2007.

[10] 刘延林. 柔性制造自动化概论[M]. 武汉:华中科技大学出版社,2005.

[11] 刘杰,赵春雨,等. 机电一体化技术基础与产品设计[M]. 北京:冶金工业出版社,2003.

[12] 姜培刚,盖玉先. 机电一体化系统设计[M]. 北京:机械工业出版社,2003.

[13] 方建军,田建君,郑青春. 光机电一体化系统设计[M]. 北京:化学工业出版社,2003.

[14] 于杰. 数控加工工艺与编程[M]. 北京:国防工业出版社,2009.

[15] 李文斌,李长河,孙未. 先进制造技术[M]. 武汉:华中科技大学出版社,2014.

[16] 盛永晶. 汽车产品生命周期及汽车换代分析[J]. 合肥工业大学学报(自然科学版),2007,30(S1)增刊:147-150.

[17] 张晓德,李文斌. 柔性制造系统的模糊参数评价方法[J]. 计算机工程,2013,39(10):313-316.

[18] 孙大涌,屈贤明,张松滨. 先进制造技术[M]. 北京:机械工业出版社,2001.

[19] VIERTL R, HARETER D. Fuzzy information and stochastics[J]. Iranian Journal of Fuzzy Systems, 2004, 1(1):39-52.

[20] 原菊梅,侯朝桢,王小艺,等. 基于随机Petri网的可修系统可用性模糊评价[J]. 计算机工程,2007,33(8):17-19.

[21] 傅小华. 基于随机Petri网的FMS建模及其性能分析[J]. 武汉理工大学学报(信息与管理工程版),2007,29(4):81-83.

[22] TÜYSÜZ F, KAHRAMAN C. Modeling a flexible manufacturing cell using stochastic petri nets with fuzzy parameters[J]. Expert Systems with Application, 2010, 37(5):3910-3920.

[23] 盛伯浩,唐华. 高效柔性制造技术的特征及发展[J]. 航空制造技术,2003(3):20-24.

[24] 楼洪梁,杨将新,林亚福,等. 基于图论的可重构制造系统重构策略[J]. 2006,42(3):22-29.

[25] 牛海军,徐家辉. 柔性制造系统调度算法研究[J]. 西安电子科技大学学报(自然科学版),2002,29(1):35-38.

[26]　陈箫枫,钟江生.柔性制造系统仿真问题的研究(待续)[J].组合机床与自动化加工技术,2001(11): 5-7.

[27]　陈箫枫,钟江生.柔性制造系统仿真问题的研究(续完)[J].组合机床与自动化加工技术,2001(12): 22-25.

[28]　[日]三浦宏文."机电一体化"实用手册[M].北京:科学出版社,2001.

[29]　蔡自兴.机器人学 ROBOTICS[M].北京:清华大学出版社,2000.